読む 打つ 書く

読書・書評・執筆をめぐる
理系研究者の日々

三中信宏
MINAKA Nobuhiro

東京大学出版会

Über den Bergen von Bücher weit zu wandern
Sagen die Leute, wohnt das Glück.

Climbing the Impossible Mountain:
Reading, Reviewing, and Writing for the Bookworm-Scientist
Nobuhiro MINAKA
University of Tokyo Press, 2021
ISBN978-4-13-063376-5

本噺前口上――「読む」「打つ」「書く」が奏でる〝居心地の良さ〟

名にし負う伏見の酒蔵が立ち並ぶ中書島は水運で繁栄した土地柄で、下京区の島原と並び、江戸時代から続く京都屈指の遊廓で栄えた街でもあった。かつての中書島遊廓のようすは、この地に生まれた作家・日本共産党代議士の西口克己が私小説『廓』にくわしく描いている（西口 1956a, b, 1958；西口克己追悼集刊行委員会 1987）。しかし、私が生まれた1958年の春に売春防止法が施行されたことにより、歴史ある中書島遊廓は社会の表層からいったん消え、しだいに忘れ去られていった。この遊廓のある西柳町の端に母方の親戚の家があり、私は小さい頃からよく遊びに行った。表通りには京都駅と中書島を結ぶ京都市電伏見線がまだごとごと走っていた時代だったが、街のなかにはかつての〝廓〟のもつ独特のたたずまいと雰囲気が色濃く漂っていた。

もちろん、まだ幼かった私にはそこがかつてどのような場所だったかを知る由もなく、よく連れられて中書島遊廓のあった通りを行き来したものだ。遊廓街から北に向かう宝来橋（現・蓬萊橋）を渡り、もはや薩摩藩士に討ち入られる心配のない寺田屋を横目に見ながら、家々の屋根の上から何人もの鍾馗《しょうき》さんが睥睨する納屋町を経て、にぎやかな大手筋商店街まで買い物に行く最短コースだったからだ。１９６０年代当時、中書島遊廓の建物はまだほとんどそのまま残っていた。通りにずらりと並ぶ木造二階建ての「見《み》世《せ》」にはめ込まれた格子や緩やかな曲線を描く窓、門口の小綺麗なしつらえなど半世紀が経ってもまだ私の記憶に鮮明に刻まれている。

中書島の親戚の家業は廃品回収だった。私もときどきオート三輪（バタコ）に乗せられて、近隣からとなりの淀あたりまで廃品の引き取りを手伝いに行ったこともある。すえた機械油にまみれた金属ごみや大小さまざまな廃材などとともに、大量の古着や古本が運び込まれてトタン屋根の倉庫にうず高く積み上がっていた。私の密かな愉しみはその古着の〝山〟に登ってひもでしばられた古本の束から一冊ずつ探書することだった。古着と古本のかび臭さがからだにしみつくのもかまわずに、何時間も〝山ごもり〟するのが常だった。本の山から〝下山〟したら、倉庫の入り口の大きな四角いアルミ缶に常備されていた〝ぬか石鹼〟でまず手をよく洗わないとなかなか臭いが落ちなかった。

私が小学校の5年か6年の頃だったと思うが、あるとき古本の束に旺文社の『中一時代』だったか学研の『中一コース』のバックナンバーが挟まっていた。当時、旺文社と学研からは学年別の総合学習誌が競うように出されていて、古本のなかにもたくさん混じっていた。私がそこで見つけたのは早稲田速記の通信教育の案内だった。速記の通信教育も当時はさかんで、たまたま興味をもった私はその案内ハガキを返送したことがきっかけで、高校に入るまでの間に早稲田速記の速習課程と専門課程の全コースを履修することになる。何事にせよ学ぶ機会はいつどこでやってくるかわからない。

中書島の親戚の家に嫁いだのは私の母親の姉にあたる伯母で、連れ合いは韓国籍だった。遊廓があった土地、在日朝鮮人という出自、廃品回収という生業《なりわい》のせいか、母親は中書島に私がたびたび行くのをあまり喜んではいなかったようだ。しかし、私自身はそんなことは気にもとめず、遊びに行っては泊まるという行き来をしていた。その連れ合いは口数こそ多くなかったが、食卓に常備される極めつけに臭くて辛いキムチを前に、ハングルの新聞を手にしながら、「信《ノブ》、勉強はほどほどでええから、早く商売しろ」と野太い声で言い諭されることもときどきあった。それと同時に、年上の従兄たちからは「ダイガクの先にはダイガクインがあるんやで」とまだ見ぬ知らない世界について教わることもあった。

遊廓と在日と古書が陰に陽に入り混じったかつての昭和の時代はあくまでも私だけのパーソナルな体験だ。しかし、そのときどきの偶然と必然がもたらす経験の長年にわたる蓄積はまちがいなく私自身の〝今〟をかたちづくっている。過去の総体としてのパーソナリティが帯びる有形無形のかたよりやいびつさは日々のふるまいや嗜好を左右する。本書の主題である「本」に対する私のこだわり（むしろ〝オブセッション〟かもしれない）もまた極私的な経験が気がつかないほど少しずつ石筍のごとく積み重なった帰結だろう。

本書で私が書こうとすることは、研究者という生業のなかで、私が本というモノに対してどのような姿勢で向き合ってきたのかだ。私はかれこれ30年あまりにわたって職業研究者を続けてきた。ある農学系の研究機関（国立研究開発法人）に足場を置きながら、ときには他の大学や研究機関にも出かけて仕事をしてきた。私の研究者人生の間にはさまざまな本との一期一会の出会いがあった。偶然手に取った学術書がその後の研究方向を決定づけたことも一度や二度ではない。私にかぎらず他の多くの読者にもきっと「人生を決めた本」があるにちがいない。本を読むことは育つことだ。

しかし、読みっぱなしではもったいない。私たち人間の記憶能力は質的には優秀かもしれないが、量的にはたいしたことはない。一読して感銘を受けた本であっても、年月が経つとともにどこのページに書かれてあるどんな文章が印象に残ったかをきちんと覚えておくのは至難のことだ。対策はただひとつ、「本を読んだら必ず書評を書くこと」である。私は、読み終えて「これは！」と刻みこまれた本に出会えたら、備忘メモかたがた書評文を書くよう心がけている。そして、私の管理しているブログで公開するとともに、機会があれば新聞や雑誌など他のメディアを通じて紹介したり書評することもある。いずれにしても本を読み終えたら書評文を打とう。ネットでは自分が買った本のリストをただ並べているだけのサイトも少なくない。そうではなく、読み終えた本からどんな点でインスパイアされたのかとか、どこに異論があるのかをちょっとでも書き記せば、自分のためになることはもちろん、ひょっとしたら見知らぬ他人のためにもなるかもしれない。

本を書くことも同じだ。私が過去に読んだ数多くの本から受けた〝学恩〟ははかりしれない。その書き手は自分よりも年上のはるかに学識のある科学者かもしれない。あるいは、輝かしい才能をもった将来有望な若手の研究者かもしれない。彼ら／彼女らが本を書いてくれたおかげで私は学ぶことができる。それらあまたの〝学恩〟に報いるためには、研究者である自分もまた本を書くことで〝学恩〟を次世代に送ることが務めだろう。自分よりも年下の若い世代にじわりと染みこむような一般書や研究者の卵たちに影響を与えられるような専門書を出版することは科学者として大きな貢献ではないだろうか。自分が書いた本が見知らぬ誰かの記憶に残るかもしれないと期待できるのは著者の特権だ。

「読む」「打つ」「書く」——本書で私が読者を焚きつけようとするこの三点セットは、本をめぐる読者・書評者・著者としてのパーソナルな経験がパブリックな運動に結びつくライフスタイルの道筋を提示する。それはけっして無理難題を要求しているわけではない。むしろ、ちょっとした心がけと日々のたゆみない蓄積が自分でも驚くほど大きな結果を生み出すというシンプルな〝一般原理〟を迷わず地道に実践するだけだ。そう、アナタにもきっと実現できる。自分のためだけの本の世界の〝居心地の良さ《Gemütlichkeit》〟を。

『読む・打つ・書く——読書・書評・執筆をめぐる理系研究者の日々』／目次

第2楽章 「打つ」——息を吸えば吐くように

読む・打つ・書く

プレリュード——本とのつきあいは利己的に

本書の基本構成は第1楽章「読む」、第2楽章「打つ」、第3楽章「書く」という3楽章形式になっている。本論に進む前に、全楽章を見わたす前奏曲から始めよう。

1．読むこと——読書論

アルベルト・マングェルの読書論（マングェル 1999, 2008）やアンドレ・ケルテスの写真集（ケルテス 2013）が私たちに示しているように、この上なく私的な営みとしての読書という行為は究極の利己性を帯びている。そこでは本を読むその人だけがこの世に存在し、他者はまったく介入する余地がない。だから、私には私なりの本の読み方があり、それは他者とは何の関わりもない。

しかし、第1楽章で述べるように、多少なりとも一般化できる本の読み方はあるかもしれない。まずはじめに、「本は余さず読み尽くす」ということだ（三中 2019a）。本や雑誌（学術誌）を〝丸ごと〟読み尽くすことには大義がある。しかし、最近では個別の雑誌論文は読んでも、雑誌全体に目配りしている読者はきっと少ないだろう。とりわけ、〝電子化〟が浸透している自然科学系のジャーナルでは、まとまりとしての「巻」なり「号」の観念自体が希薄になっているかもしれない。論文ごとにうすっぺらく〝切り刻んだ〟ｐｄｆファイルをばらまいているようなものだ。必要な知識断片のみを〝拾い読み〟ですませてよしとする風潮がすでに広がっている。

その傾向は雑誌のみにとどまらず、本の世界にも浸透している。学術書であっても電子本の章ごとにばらばらに〝切り売り〟できるような体裁で本造りがなされている事例が増えてきた。それとともに、本を一冊〝丸ごと〟すなわち序文・目次から脚註・索引まで通して読まないことが多くなってきた。日々余裕のない研究者にとっては雑誌や単行本を〝丸ごと読み〟するのではなく、必要な論文あるいは章だけを〝拾い読み〟するのがふつうになってきているようだ。

学術誌の「インパクト・ファクター（IF）」や研究者の「h指数（h-index）」を見れば、ある論文が掲載されている雑誌がどれくらい「引用されたか」を定量化できるだろう。しかし、それらがどれくらい

「読まれたか」は見えてこない。その一方で、最近のジャーナルは、読者が論文を〝丸ごと〟読まなくてもいいような技法を次々と編み出している。たとえば、論文要旨と図表だけピックアップしたり、こみいった「材料と方法（materials and methods）」は小さい活字にして論文末尾に追いやったり、研究の詳細は「オンライン付録（online supplements）」に封印したりする。論文を〝丸ごと〟読むのではなく、必要部分だけを切り出して〝拾い読み〟すればいいという風潮は読む側にも読ませる側にも広がっている。それはきわめて効率的な〝情報摂取〟ではあっても、もはやふつうの意味での〝読書〟とは呼べないだろう。それとも〝読書〟ということば自体が現在では死語になりつつあるということだろうか。

私の読書歴を自分なりに振り返ってみると、ある本を最初から最後まで読み切るとか雑誌のバックナンバーを全部読むという〝すべて読み〟は、私の研究者としての育ち（Bildung）にとっては最良のトレーニングだったと思う。しかも、それができるのはたとえ金銭的余裕はなくても時間的・心理的余裕があったかつての大学院生とそれに続く〝オーバードクター〟の時代までのことだ。そのゆるやかな時期を逃してしまうともう取り返しがつかないのだが、その後悔は後年になって初めて実感できるのがつらいところだ。

2．打つこと――書評論

第2楽章で盛大に焚きつけるが、本を読んだら必ず書評を打つように心がけよう（三中 2019a）。読み終えて印象に残った本ならば、私は備忘メモとして長短さまざまな書評文を書き、2005年以来15年も続けている私の書評ブログ（三中信宏 2005-現在）を通じて公開するようにしている。最近書いたいくつかの書評記事について文字数をカウントしてみると、短いのは1500〜2000字くらい、長くなると3000〜4000字ほど書いているようだ。しかし、私がいつも目を通している欧米の専門誌――たとえば *Systematic Biology* 誌や *Cladistics* 誌――だと、書評記事は基本的に長く、内容も濃い。なかには刷り上がりで10〜15ページもある長大な書評論文もあるほどだ（Sneath 1982, Farris and Platnick 1989, Brower 2020）。そういう諸外国の書評文化と比べれば日本の書評はまだまだ足元にも及ばない。

一方で、日本の多くの新聞・雑誌の書評欄では、独自の書評文化の伝統なのだろうか、長い書評記事を読む機会がほとんどない。2019年から2020年にかけて私は読売新聞の読書委員として書評欄（「本よみうり堂」）への寄稿をしてきた。読売新聞の場合、長い書評（「大評」）は800字、短い書評（「小評」）は500字くらいの分量になる。この極小フォーマットの制約のなかでどれくらいの書評コンテンツを詰めこめるかが読書委員の腕の見せどころとなる。実際に新聞書評を手がけてみて初めてわかるおもしろさと難しさがある。

私は自分の書いた本に関しては書評記事や感想コメントを集計して書評の「頻度分布」を構築するように心がけている（2-4節参照）。多くの実名あるいは匿名の書評者たちがどれくらい私の書いた本を「読解する能力」があるのかが意外にはっきり透けて見える。世の書評者たちは、自分が書いた書評文の集積（＝書評者ごとの「周辺分布」）を通して、逆に評価されているということだ。実名・匿名に関係なくあることないこと書き散らしていればまちがいなく〝天罰〟が下る。ネット社会の書評文化はそうそう〝お花畑〟ばかりではない。

3．書くこと——執筆論

数年前、中国地方のある国立大学に統計学の集中講義に行ったおり、番外企画として生物体系学のセミナーを開催する機会をいただいた。セミナー後の質疑時間に、ある参加者から「ミナカさんが本を書かれるときは想定読者層に合わせてどのように書き分けられているんでしょうか？」という質問が寄せられた。セミナーの本筋からは外れていたが、私にとってはとても本質的な問いかけだった。すかさず、質問者には「ワタクシは自分のためにだけ本を書いているので読者のことを意識したことはまったくありません」と返して、本を書く上での私のモットーについて次のように話した。

私が本を書くときにもっとも重視している点は「自分が読みたい内容の本を自分で書く」ということです。読書人生の経験が増えるにつれて、次はこういう分野のこんな内容の本が読みたいなという思いが募ることがあります。しかし、とりわけ専門分野が限定される学術書ほど、読み手だけでなく書き手もけっして多くはないので、私が望むような本がタイミングよく出版されるとはまず期待できません。まだ若い頃だったらどこかの誰かがそういう本を書いてくれるまでじっと待つしかなかったのですが、今はそれくらいだったら自分で書いてしまう方が手っ取り早いと考えるようになりました。

自分で読みたい本を書くことの最大の御利益は、第3楽章でもくわしく述べるように、ある分野に関する知識や知見の〝体系化〟ができることだ。最新の知識の断片であれば専門学術誌の最新号をひもとけばすむだろう。しかし、それらの細切れの知見は何らかの〝体系化〟をしないことにはばらばらのままで終わってしまう。もちろん、他人による総説や著書を通して、それぞれの分野のすぐれた〝体系化〟を学ぶことは役に立つ。しかし、もっと〝攻め〟の姿勢で、自らの観点からの〝知識〟の積極的な体系化を試みることから得られるものは少なくないにちがいない。

自分で読みたい本を書くことのもうひとつの御利益は「自分で書いた本は信頼できるレファレンスとしてあとで利用できる」という点だ。ある分野の本を一冊書くためにはさまざまな先行研究や文献を参照するのが常である。自分の手になる〝体系化〟の典拠（原著論文や総説記事あるいは書籍など）はすべて文献リストと脚註そして巻末の索引によって〝データベース化〟される必要がある。後の章で説明するように、文献と脚註と索引は本の資料的価値を担保するとても重要なパーツなので必ず付けるようにしている。書く本の〝かたち〟がハードカバーであっても新書であってもこの方針はゆるがない。

「ひとえに自分のために本を書く」と大きな声で宣言することは、他人から見ればどうしようもなく〝利己的〟な言い分であるとみなされるかもしれない。そもそも本は他人のためになるように書かれるべきで、「もっと読者のことを考えて本を書け」というような〝利他的〟な執筆スタイルへのアドバイスは一見もっともらしく聞こえる。しかし、よくよく考えてみれば、想定される潜在読者層はいわば顔のない人々に過ぎない。そのような正体不明の仮想読者たちのことを念頭に置いて本を書くのは、はっきり言って無理だろう。私にとって本を書くことはひたすら自分ひとりのための孤独な仕事の積み重ねだ。

では、私が本を書いている最中に読者はいないのかと問われれば、おそらく「そうではない」と答える。実際、私が本の原稿を書き進めているときには、いつも隣にいてそっと耳打ちする〝読者〟がひとりいる。その名は〝ワルみなか〟だ。まっとうな本体である〝善良みなか〟がせっかく必死になって書いているときに、〝ワルみなか〟は不意に横から割りこんできてはあれこれ口出しをする。〝善良みなか〟がせっかく書いた文章にバクダンをしかけたり、よけいな伏線を埋めこんだり、密かな暗号を刻みつけたりするのはすべてこの悪戯好きの〝ワルみなか〟のしわざである。

長年の付き合いであるこの〝ワルみなか〟のせいで、私の書く文章はいつもストレートには読み解けない。何となく文意にウラがあるような、あるいは行間を読まねばならないような雰囲気が漂う。ひょっとしたら世にいう「悪文」を私は書き続けてきたのかもしれない（拙著の何冊かが大学入試問題の国語科目に出題されることがよくあるのもうなずける）。私が過去に書いた新書（たとえば三中 2006a, 2009）を手にした読者からはときどき「新書なのに専門的すぎる」とか「読んでもぜんぜんわからなかった」という批判や苦情をもらうことがある。私の本をまちがって手にしてしまったそういう〝被害者〟がいることは重々承知してはいるが、私自身はあまり気に留めていない。なぜなら、私はいつも「自分が読む」ために本を書いているからだ。どこかの誰か別の人を「読者」として想定する習慣は毛頭ない。読者と言えるのはいつもここにいる自分の〝分身〟だけだ。その意味できわめて利己的な書き手と言うしかない。

私のような利己的な書き手は多くないかもしれない。しかし、利己的に書かれた本であったとしても結果として利他的に役立つかもしれないというのは矛盾ではない。私の書いた本を読んで役に立ったあるいは得るところがあったと納得してくれる読者がいるのは私にとってまったく予期しないことだ。私は自分自身が書きたい本を書いているのであって、それが他人のためになるとしたら望外の喜びだ。

以上、本に関わる「読む」「打つ」「書く」が私にとってどのような意味で〝利己的〟な営みであるかを示した。以下の章ではそれぞれについて順を追ってくわしくお話することにしよう。

第1楽章

「読む」

——本読みのアンテナを張る

1-1. 読書という一期一会

「いつまでもそこに本があると思うな」――私が本を読むときの座右の銘はこれだ。いささか切迫感のこもる言い方にはそれなりの理由がある。自らの過去を振り返ったとき、本や論文との出会いの基本は一期一会であり、蒐書の機会を逃してしまうと次はもうないという〝飢餓感〟のようなものがつねにまとわりついている。幸いにして、研究者という生業《なりわい》を何十年も続けてこられたおかげで、今では身のまわりはあり余るほどの本だらけだ。しかし、いくら頑張って蒐書したところで、しょせんは儚いものでしかないという諦念が年ごとに強まっている（三中 2014a）。そう、すでに定年を迎えた私はそろそろ年貢の納め時に追い込まれている（実感はまだない）。それとともに長年にわたって蒐め続けた蔵書の山を予期される災厄（草森 2005；岡崎 2013；西牟田 2015）がくる前にどうしようかと真剣に考えることがある（三中 2017b）。

ひとりの研究者が蒐集してきた書籍・雑誌・論文は、退職引退したりあるいは逝去したあとは、潔く古書業界に流してしまうのが最善の選択肢ではないかと思う。在籍した大学や研究機関が個人蔵書を引き取って〝未来永劫にわたって〟保管し続けてくれる可能性は現在ではほとんどゼロだから。今はもう世知辛くなってしまった大学や研究機関に寄付したいと申し出たところで、イヤな顔をされるのが関の山だろう。大量の個人蔵書を散逸させずに没後もなお管理されている澁澤龍彦や草森紳一は例外中の例外だ（国書刊行会編集部 2006；草森紳一回想集を作る会 2010)。それくらいだったら、目利きの古書店に売り払ってしまって(あるいはネット・オークションに出品して)、それを必要とするどこかの誰かの手に届くようにするのが、けっきょくはその本のためではないだろうか。とくに貴重な専門書ほどニーズはあるはずなので、売り払うのが悪い手だとは思えない。

個人蔵書は各人ごとにパーソナライズ(良い意味でも悪い意味でも)されている。だから、その研究分野が組織的に安定していて後継者にとっても利用価値があるシアワセな場合を除いては、個人蔵書を後に残しても邪魔者扱いされて死蔵の憂き目に遭ったり、廃棄(除籍)される可能性も高い。研究者が残した論文別刷りにいたっては今となっては廃棄するしかない。問題はパーソナライズされた著書や資料だ。古書業界で売れるだけの市場価値はないけれども、資料価値はあるかもしれない(その逆の場合もある)。

公費購入本の場合はもともとどうしようもないので、死蔵なり除籍される運命を甘受するしかない。私費購入本については売り払うのがいい結果をもたらすのではないか。私自身、図書館や大学からの除籍本を古書店で買い求めた経験は少なくない。自分の蔵書が会ったこともないどこかの読者の手にわたるというのはそんなに不幸なことではない。個人蔵書は「からだの一部」みたいなものなので、本人が〝いなくなって〟しまえば、無理して保全したりしないで、あとは散逸にまかせるのがベストかもしれない。

もちろん、せっかく手間ひまかけて蒐めた蔵書が散逸するのは忍びないという気持ちはわからないでもない。しかし、もし必要であれば思い立った個人が十分な時間とお金をかけて一から蒐書すればいいだけのことだ。私の経験では30〜40年くらいの年月とそれなりの自己資金を投入すれば、自分用のライブラリーはほぼ完備すると踏んでいる。しかし、しょせんは私的な蒐書なので、永続させる必要もなければその意義もない。考えようによっては、自分の本を古書業界に流すのは「恩返し」かもしれない。実際、私もどこかの誰かの個人蔵書や図書館除籍本を蒐書したとき、著名な生物学者や哲学者の蔵書だった本を手にすることもあった。そう考えれば、自分が使い終わったらまた古書業界に戻すことで、別の誰かが再利用する道が拓かれるだろう。

職業的な研究者ならば、公的資金（研究交付金や科研費など）をつぎこめばいくらでも蒐書できるではないかという意見もあるだろう。しかし、私が経験したかぎりでは現実はそんなに甘くはない。昔もそうだったし、今ではさらに状況が悪化しているが、公費で自由に本が買えるような研究環境は大学でも公的研究機関でももうほとんどないのではないか。

私の場合は例外的に公費購入書籍がもともとほとんどないので、来たるべき（そう遠くない）将来のことを考えないわけにはいかない。遺された個人蔵書をめぐるいろんないざこざを仄聞するにつけ、「みんなみんな後腐れなく売り払ってしまえ」と思う。紙の本ならばそれぞれは長年にわたって永続するかもしれないが、その寄せ集めである個人蔵書は実は短命であってそれに囚われてはいけないという認識が必要かもしれない。一方、電子本はしょせん蒐書の対象に値しない。

1-2．読む本を探す

一研究者としてキャリアをつくっていく途上では、さまざまな幸運に恵まれることもあれば、予期しない不運に遭遇することもある。良きにつけ悪しきにつけそれらの偶然を正面から受け止めた上で、その先へと生き延びる道を探ることができるかどうかは重要だろう。私が学部進学した当時（1978年）の東京大学農学部の身上は、良く言えば〝間口〟が広く、悪く言えば何をやってもかまわないという無制約の〝緩さ〟だった。私が入った「農業生物学科」は名前こそわかりやすかったが、それがそのままわかりやすいキャリアにつながるわけではけっしてなかった。学部生時代にはまだ見えなかった内実が大学院に進むとしだいに見えてくる。私が卒論を書いた「生物測定学研究室」は〝オーバードクター〟の巣窟で、年齢不詳な院生がたくさん棲息していた。そのまま大学院に進学するときも、担当教官から「大学院に進んでもどうにもなりませんよ」と念押しされた。

学部や学科の「名前」だけでは教育や研究の内容はぜんぜん見えない。いま「誰」がそこに所属していて、具体的に「何」をやっているのかを知らないことには判断できない。今でこそウェブサイトやSNS

経由で、大学の「中」がある程度は見えるようになったが、私が大学に在籍していたころは分厚い紙の「便覧」以外に進学先の内情を知るすべはなかった。もちろん入進学先の内情（教員と研究テーマ）は事前にわかった方が〝平均〟的には望ましいし、大学の組織体制やカリキュラムはすっきり可視化した方が右も左もわからない学生や院生にとってはありがたいかもしれない。しかし、実際にそこに入ってしまったあとにいったいどんな運命が待ち構えているかは個別的で個人的な〝たまたま〟が大きく作用する。

進学振り分けをかいくぐってお目当ての学部・学科の研究室に首尾よく入れたとしても、指導するはずの教員にちゃんと指導してもらえるかどうかはまったく別問題だ。当時の大学院は「指導しない」という指導がかなりの割合で大手を振っていた（一般論かどうかは定かではない）。私の入った研究室は指導教員が〝たまたま〟卒論・修論・博論の指導をぜんぜんしないタイプだったので、これ幸いと好き放題させてもらった。その〝たまたま〟がほんとうによかったのかどうか今となってはもうわからない。

1-2-1. 探書アンテナは方々に張る

しかし、その〝たまたま〟が私にとっていい方向に働いた結果をひとつ挙げるとすれば、それは「読書アンテナ」の張り方を学んだことだった。所属研究室はメンバーによって研究テーマは異なっていたが、理論統計学が〝リンガ・フランカ〟だったので、農学・生物学に関する数学や統計学を（勝手に）学ぶ自由度は相対的に高かった。私の場合、学部時代は数理生態学、修士時代は形態測定学、そして博士時代は生物体系学と研究テーマを誰に相談するでもなく〝自分勝手〟に変えていったが、それ自体は何も問題にはならなかった（まわりはみんなそうしていた）。ただし、そのような〝独学〟を続けることは、もって生まれた〝利己主義〟を鍛え上げるには適した環境かもしれないが、他方ひとつまちがえば視野狭窄的なひとりよがりに陥ってしまうリスクがある。実際、研究上の袋小路にはまりこんでしまってにっちもさっちもいかなくなるケースは周囲では少なからずあったようだ。

ある研究分野についてくわしく知ろうとするなら、読書アンテナを一本だけ立てておけば必要な情報はきっと得られるだろう。その読書アンテナはある教科書や特定の学術誌のコンテンツに目を光らせて必要な情報をピックアップしてくれるからだ。たとえば所属研究室が大きなプロジェクトを抱えていて、所属メンバー全員がそのプロジェクトのある〝部分〟を担当するという研究体制のもとでは、各メンバーの少しずつ異なる読書アンテナを束ねれば該当分野をカバーする情報が遺漏なくそろうだろう。

しかし、事実上〝放置〟されたも同然の独り勝負をずっと戦い続ける孤独な院生にとっては、うっかり漏れ落としてしまった情報は気づいて拾われることもなくそのままになってしまう。後半の第3楽章でくわしく論じることになるが、少なくともキャリア形成途上の学生や院生にとっては、ばらばらの断片的な専門情報だけではなく、まとまった体系的な包括知識を得ることが必須だろう。その際、知識体系としての十分な広がりと同時に大きな欠落のない被覆をどのように担保すればいいだろうか。私が留意してきたのは読書アンテナは一本ではなく複数本を立てるようにするという点だ。もちろん最初からそういうスタイルができあがっていたわけではない。学部生のうちは目の前の専門書や専門論文を読むだけで手いっぱいだった。最低限の基礎となる素養がなければ探索する最初の足場さえつくれない。

探書に出かけられるだけの知的脚力が付いてからが読書アンテナの出番だ。たとえば、ある学術誌に掲載された論文を読むとしよう。たいていの場合、論文の最後には「文献リスト」が付されているので、関心がある読者はそのリストに挙げられている参考文献（論文や著書など）を読むことで、アンテナをある方向に伸ばすことができる。論文の文献リストでは最低限の関連情報しか得られないかもしれないが、リストを手繰ることによりその分野の教科書と位置づけられる基本書に出会えれば、読書アンテナの性能は大きく向上するだろう。うまくいけば、それまでとは異なる方向への別のアンテナを立てるきっかけが得られるかもしれない。アンテナの本数が増えれば、それだけ知識空間の次元が広がるだろう。

1-2-2. 〝ランダム探書〟がもたらす幸運

読書アンテナを拡充する際には、方向性を定めない〝ランダム探書〟の要素をいつもどこかに忍ばせておくことがとりわけ重要だ。〝たまたま〟手に取った本や論文がその後の方向づけに関わる決定的な役割を果たす可能性はいちがいに軽視できない。現在ならインターネットの論文検索機能を使えば、あるテーマやキーワードを手がかりにしてたくさんの関連文献がヒットするだろう。しかし、そういう機械的な

〝システマティック探書〟はアンテナのサイズを大きくすることはできても、別方向へのアンテナの分岐を期待することは難しいかもしれない。もともと効率化できない〝ランダム探書〟はたいていは無駄に終わることが多いが、場合によっては大当たりすることも確かにある。

長い人生のなかで〝たまたま〟が果たす役割は無視できない。〝たまたま〟参加した会議で知己を得たり、〝たまたま〟買った専門書に刺激されたり、〝たまたま〟参加した学会で新たな展開のきっかけをつかんだり。そういう無数の〝たまたま〟のつながりが今の私をかたちづくっている。歴史に「もしも」が意味をもたないように、ワタクシの個人史にも「もしも」は考えられない。時空的にユニークな存在として私はここにいる。

1985年3月に大学院を修了して農学博士の学位を取った私には、指導教授がその数年前に予言した（釘を刺した）とおり、生計を立てられるような定職は何もなかった。現在のポスドクのような有給の任期付きポストは当時はほとんど皆無だったので、そのポストが得られなければ文字どおりの無職無収入の〝オーバードクター〟しか選択肢はなかった。その後、大学や研究機関に何度か公募に出しては落ち続け、4年半後にやっとある国立研究所の常勤職に就職できた。私が農林水産省の選考採用に合格して、今も勤務している農業環境技術研究所（現・農業環境変動研究センター）に赴任したのは、1989年10月のことだった。推測ではあるが、どうやら修士論文で手がけた形態測定学の理論研究が選考採用では評価されたようだった。

私が生物形態学に関心をもつようになったのは一冊の本との偶然の出会いがきっかけだった。ある日、大学研究室に丸善からの見計らい本として、フレッド・ブックスタイン『生物の形状と形状変形の測定［*The Measurement of Biological Shape and Shape Change*］』（Bookstein 1978）という〈生物数学講義録［*Lecture Notes in Biomathematics*］〉叢書の最新刊が届けられていた。この叢書の統一装幀の色にちなんで「緑本（*the Green Book*）」と後に呼ばれることになるこの薄いペーパーバックには、生物の形態とその変形をどのように定量化するかというダーシー・トムソン（D'Arcy W. Thompson 1917）以来ずっと未解決のままだった問題に対する幾何学と統計学からの新たな解決の可能性が素描されていた。ブックスタインの学位論文として書かれた本書はその後「幾何学的形態測定学（geometric morphometrics）」という大きな分野に発展することになるのだが（Bookstein 1991, 2014, 2018）、当時はまだ将来性を見通せない新理論のひとつに過ぎなかった（この叢書自体がそういう先駆的・実験的テーマの本を出版するという趣旨で編まれていた）。しかし、研究室に〝たまたま〟この本があったおかげで、私は修士論文で取り組むべきテーマを見つけ、めぐりめぐって〝たまたま〟運良く研究職ポストを得られたわけだ。その本との出会いがなければ私はきっとちがう人生を歩んでいたかもしれない。

まさにロシアン・ルーレットと同じく、研究者の人生行路は賭け事のように〝たまたま〟決まる（三中

2015a, 2017a)。大学から大学院さらにその後のキャリア形成で遭遇したさまざまな幸運・不運・悪運・偶然・棚ぼたなどの一回きりのばらばらなできごとの連なりが研究者人生を良くも悪くも方向づけしたことを実感する。このロシアン・ルーレットを楽しめるならばおそらくそのうちいいこともあるだろう。進路選択を誤ったとか研究資金が調達できなかったとか人事公募に落ちたとか研究ポストが期限付きだとかいろんな〝フシアワセ〟は、運命的な〝必然〟ではなく〝たまたま〟そうなっただけだと思えるようになれば、きっとしぶとく生き延びられるだろう。実際のロシアン・ルーレットは当たれば一巻の終わりだが、人生のロシアン・ルーレットはたとえ〝たまたま〟当たってしまってもその先がまだまだずっと続く。いちいち〝成仏〟しているほど私たちは暇ではない。

〝たまたま〟が時空的にユニークな存在としてのひとりひとりの人生を形成しているのであれば、私個人のキャリア形成は他人には当てはまらないし、逆に他者が経験してきたできごとは私には何の関係もないだろう。ましてや、私が経験してきたことをあたかも〝教訓〟のように一般化して他人に押しつけがましく言うのは禁物だろうし、逆に他人の〝訓話〟が私にとって何の意味ももたない妄言であることは自明である。もちろん、他者の生き方から何かを〝学ぼう〟とすることはその人の自由なのでとやかく言うことは何もない。たとえば、ある分野で研究を進めるための基礎がまだできていない段階であれば、シニア世代の研究者の経験談（苦労話）は何かの役に立つかもしれない。しかし、それは、どんな分野のどんな人であっても、いつでもどこでも当てはまり得ることだ。他者から学ぶべきものがあったならばそれはとても幸運なことだ。他方、もしも何も学ぶことができなかったとしても悲しむことはない。それは他者とはちがう自分だけの道を歩んでいるというだけのことだ。

以前、あるインタビューを受けたとき（岩本 2018）、研究者としての〝心得〟があるとしたらそれは何かと問われて、私は下記の五箇条を挙げた。

（1）根拠のない自信をもつ
（2）限りなく楽観的である
（3）好奇心アンテナが広い
（4）孤独な〝天動説〟主義者
（5）偶然を受け入れる構え

今あらためて読み直してみると、この五箇条は私にとっては人生に向かい合うときの基本となるモットーだ。とりわけ三つ目の「好奇心アンテナが広い」という項目は私の選書方針に直結している。すでに述べたように、読書アンテナを四方八方に広げる私の〝ランダム探書〟は確かに無駄といえば無駄なことをしているように見える（実際、無駄だったこともある）。しかし、無駄を承知で読書アンテナを広げればときには思いもよらない見つけものに出会えるかもしれない。

このような身のまわりでの〝発見〟は常人とはかなり異なる研究者ならではの〝アンテナ〟が見つけ出してくれる。あるセミナーでこのような話をしたとき、聴衆のひとりが「それってまるで〈路上観察学〉的なフィーリングですね」とコメントした。確かにそうかもしれない。1980年代に一世を風靡した「路上観察学」運動（赤瀬川他 1986）は、たとえば赤瀬川原平のいう「超芸術トマソン」（赤瀬川 1985）のように、身のまわりにあるのにふつうの人は気づかないようなヘンな〝物件〟を見つけ出しては分類整理してみるという発見の愉しみが駆動力だった。非日常的な〝アンテナ〟をいかに張りめぐらすかがポイントだった。

私の本との付き合い方は、つらつら考えてみれば、この「路上観察学」的な好奇心に突き動かされているのかもしれない。本人がおもしろくなければけっして長続きしない。それは科学者でも一般人でも変わりはない。研究者が得体のしれないわけのわからない考えごとに熱中しているとき、彼らはひょっとして異空間に〝アンテナ〟を張りめぐらしているのかもしれない。みんなが同じ〝アンテナ〟しかもっていなければ画一的な本の読み方しか期待できないだろう。各人の〝探書アンテナ〟の多様性がいつも保全される余裕があってほしい。

1-2-3. 多言語が張る読書空間の次元

読書アンテナが張る〝軸〟の本数はその人の読書空間の〝次元〟の広がりを表す。私自身の読書歴を振り返ってみると、小説や文学や詩のたぐいは読む習慣が昔からほとんどなかったので、その方面の〝次元〟はきっと退化しているにちがいない。一方で、私は研究者を長く続けてきたので、別の方面の〝次元〟は大きく広がっているだろう。たとえば外国語に関する素養は読書アンテナの広がりに大きく影響する。私と同世代ならば大学に入ってから、「第一外国語」の英語の他に、「第二外国語」を履修するのがふつうだった。第二外国語としてのドイツ語、フランス語あるいはロシア語などは、教養時代にいったん学んでも、その後はぜんぜん使う機会がなく忘却の彼方に消え去ってしまった場合も少なくないだろう。

確かに、今の自然科学の研究分野を見渡すならば、事実上の〝公用語（リンガ・フランカ）〟としての英語の覇権は誰の目にも明らかで、それ以外の外国語をあえて学ぶ積極的動機が見当たらないかもしれない。科学を語る言語としての英語は確かに〝グローバル〟なリンガ・フランカだ。そのことは現役の研究者・科学者ならば良くも悪くも身に染みついている。それと同時に、科学英語における〝グローバル化〟とはどういうことかというやっかいな言語問題がつねに浮上する（Montgomery 2013; Gordin 2015; 三中 2015b, c, d）。

複数の外国語を知る必要性は分野によって大きく異なる。現在の自然科学では概して「英語さえあれば何とかなる」といえるが、これもまたどのようなテーマに取り組んでいるかによって事情はちがっている。私の場合は、生物体系学の理論や歴史が主たる研究テーマのひとつだったので（三中 1997, 2017c, 2018）、英語の文献はもちろんだが、ドイツ語やフランス語、イタリア語、スペイン語、ポルトガル語、オランダ語、ロシア語などいくつかの非英語圏の論文や著書を参照しなければならないことが少なからずあった。私は大学入学直後の教養学部時代にドイツ語を第二外国語とし、オランダ語とロシア語を〝第三外国語〟として勝手に独学したが、いわゆる〝ポリグロット〟とはほど遠い外国語素養しか身に付かなかった。それでも知っている言語が多ければ当然のことながら探書アンテナにヒットする関連文献の数は多くなる。もちろん、非英語圏の著作が英語に翻訳される場合も少しはあるだろうが、それは機会に恵まれた少数例に過ぎないだろう。非英語で書かれた重要文献がどれほどあるのかを考え出すときりがない。

ウンベルト・エーコの著書『論文作法――調査・研究・執筆の技術と手順』（エコ 1991）の第Ⅱ章「テーマの選び方」には「外国語を知る必要があるか」を論じたⅡ‐5節がある。そこでエーコはこう指摘している。

「われわれに周知の言語で書かれた著書だけをよんで、ある著者なり、あるテーマなりについて論文を書くことはできない。われわれに未知な珍しい言語で、決定的な著書がこれまでに書かれた

――ことはないなどと、誰が断言できようか」(p. 30)

彼の指摘を知って以来、私は複数言語への目配りを怠らないように気を付けている。もちろん、いくつもの言語を操れるほどの技能はないので、多言語で書かれた本や文献を前にして憂鬱にならないわけがない。エーコはこういう場合の「無学への許し」(p. 31)を乞うこともできると言ってはいるが、しょせんは一時の気休めにしかならない(三中 2013c)。現代の自然科学でリンガ・フランカたる英語だけに頼って科学者として生きていくことは、実はとても向こう見ずな態度ではないかと思えてならない。小心者の私にはそんな真似はとうていできない。英語以外の言語で、決定的な著書がこれまでに書かれたことはないなどと、誰が断言できようか。

使われている文字がそもそも読めるかどうか、読者にとっての母語に近縁かどうか、学んだことのある言語かどうかなどによって、探書アンテナの精度は高かったり低かったりする。いずれにしても、探書アンテナのスペックを上げるためには複数の外国語の知識はあるに越したことはない。もちろんターゲットとなる著作がすでに決まっているのであれば、「グーグル翻訳」や「ディープL」などの翻訳アプリをうまく利用することにより、言語間の翻訳作業そのものは少しは便利になるかもしれない。しかし、そもそも探書アンテナを張る第一の目的はターゲットとなる本や論文そのものを探査することにある。書店の棚に並ぶ書物の書名あるいはネット探索でヒットした文献の題名を前にしたとき、私たちは自分自身の言語スキルに頼って手を伸ばすのではないだろうか。

1-3. 本をどう読むのか？――〝本を学ぶ〟と〝本で学ぶ〟

文字なり文章を読めばそこから何かしらの〝情報〟はまちがいなく得られるにちがいない。著書や論文を読んでそこから私たちが得る知見は読者によってばらつきがあるだろう。科学者はともすればものを見る視野が狭いとか社会的な常識がないとけなされることがある。しかし、研究者たるもの、余人には想像もできない観点から世界に切り込んで初めてその存在価値があるのではないだろうか。それは探書だけでなく読書するときの〝アンテナ〟の張り方にも反映される。つまり、単に版面に印字された活字を表面的に読み取るだけではなく、そのうしろに広がる〝背景〟をどこまで深く読みこめるかにかかっている。

私が大学院にいた1980年代前半の生物体系学と生物地理学は学問的基盤を揺るがす論争が頻発する〝戦国時代〟だった（三中 2018c）。そこでは、生物学の側だけでなく、科学史や科学哲学の側からの議論もはてしなく続いた。渦中の研究者たちにとっては、長年にわたって自らのよって立つ根幹が〝戦場〟になるという実体験をしたわけだ。一方、生物体系学に関わる理論や概念を徹底的に論じる雰囲気がもともと乏しかった日本にいて生物体系学の基礎について学ぼうとしていた私の眼前には高い〝壁〟が立ちはだかった。そもそもいったい何が問題となり、なぜこんなに激しい論争になるのかということの理解から始めなければならなかったからだ。

当時、生物体系学の「教科書」と呼べる本は確かに何冊かはあった（Eldredge and Cracraft 1980; Wiley 1981; Nelson and Platnick 1981）。それらの教科書は英語で書かれていたわけだが、もちろん文の意味は理解できたし、段落の大意だって大きく誤解することはおそらくなかったと思う。しかし、むしろ戸惑いを覚えたのは、それらの本の字面を「読み進む（読み切る）」ことそのものではなく、そこから何を「読み取る（読み解く）」ことができるのかという点だった。

ある分野の本を読むときには、次の二段階の読み方があると私は考えている（三中 2006b, 2011a）。初学者にとっての最初の段階は、とにかくその本を読み切って、何が書かれているのかを自分なりに理解し、その上で自分がそこから何か吸収すべきものがあるのかどうかを判断することだ。言い換えれば、最後まで読み進むことでその〝本を学ぶ〟段階だ。その本がどの言語で書かれていたとしても、まずは読み切らないことには先には進めないからだ。この第一段階をクリアすることは必須である。

しかし、さらにもう一歩進んで、なぜこの本が書かれなければならなかったのかという別の問いかけがあり得る。この第二段階は、その本がある専門分野の研究者コミュニティーと学問としての系譜のなかで占める位置と意義について考えるという、第一段階よりも突っこんだ読み取り（読み解き）だ。ある本が書かれるためには必ずその著者の動機づけあるいは学問的背景があったはずだ。その動機や背景はある学問分野の時代的な〝景色〟を見渡すことにより初めて理解できるだろう。つまり、その本に書かれている内容を踏まえた上で、さらにその奥まで読みこむこの第二段階は〝本で学ぶ〟と言い表せるだろう。

第一段階の〝本を学ぶ〟ときに読者が得るものは、そこに書かれている学問分野に関する専門的な知識の体系である。しかし、専門知の体系は一冊の本を読んだだけでは必ずしも習得できるわけではない。私のイメージでは、それぞれの本や教科書はその学問分野のある部分をカバーする。そのうちの一冊を読むことでカバーされた領域の知識体系は読み取れても、カバーされていない領域については漏れ落ちがあるかもしれない。しかし、その本が参照あるいは引用している文献をさらにたどることにより、カバーされている領域が重なり合って、その分野の学問的背景となる〝景色〟がしだいに明瞭になるだろう。その一冊の本を足がかりにしてさらに広い世界に目を向ける。これが第二段階の〝本で学ぶ〟ということだ。

もちろん〝本で学ぶ〟ときに何がどのくらい得られるかは、読者の関心の高さと事前の知識によって大きく変わってくるだろう。とりわけ、生物体系学のように短期間に大きく成長し変貌した学問分野においては、一冊の「教科書」が書かれるということは、ある研究者コミュニティーにおいてその著者が試みるひとつの研究戦略とみなすことができる。新しい学問的体系を提示し、その勢力をさらに伸ばそうとするとき、「教科書」を世に出すことは小さからぬインパクトをもち得る。第3楽章で論じるように、本を書くことは知的な闘いを挑むことなのだと私は思う。そして、それを手にする読者は、その本をひもといて読むことで、さらに広い未知の世界へと誘われていく。

本とその読者とは昔から濃密な関わり合いをもってきた（和田 2014, 2020）。古今東西の幅広い資料を踏まえて読書と読者のあり方を描き出したアルベルト・マングェルの『読書の歴史——あるいは読者の歴史』（Manguel 1996）には、〝生きもの〟としての本が読者を求めて時空を旅するさまざまなエピソードが詰めこまれている。時や場所を越えて読書にのめりこんできた無数の名もない読者たちの物語は、読書とは人生そのものであり、死後もなお縁が切れない〝業〟であることを実感させてくれる。それぞれが独自の世界を展開してくれる本を読者は一冊また一冊とひもといていく。それらの本が照らす領域はずれたり重なったりしながらも、全体としてひとつの知のまとまりをつくりあげていく。そのまとまりこそ読者が読書を通じて垣間見ることのできる〝景色〟の広がりなのだろう。

時空を超えてつながる本と読者の関係はこの上もなくリアルなのに、想像力を働かさなければその実態はいっこうに見えてこない。和田敦彦のリテラシー史に関する『読書の歴史を問う——書物と読者の近代』（和田 2014, 2020）は、両者の密接なつながりを歴史的にたどるひとつの視点を呈示している。

——「書物が読者にたどりつく、読まれていくプロセスに関心を向け、その歴史をとらえていくこと、そのための手立てや、そうした問いによって開けてくる可能性を示していくこと、それが本書の役割である」（和田 2014, p. 245）。

「読書は、それぞれの時代、場所で同じような行為、経験としてあったわけではない。また、書物と読者の間だけで成り立つ孤立した行為でもない。この当たり前のことが、読書を学び、調べることの豊かな可能性や広がりを作り出す。ある時期や地域の読者を問うたり、あるいは書物を作り、運び、紹介したり、保存したりする行為を研究したり、学んだりすることに結びついていく」（和田 2020, p. 276）。

〝本を学ぶ〟ことを通じて可能になるもっと広い世界への導き、すなわち〝本で学ぶ〟ことにより読者の探書アンテナはさらに鍛え上げられる。書物がどのようにして読者にたどりつくのかという和田の主張は、時代と場所を問わずいつでもどこでも当てはまる。読者それぞれが自分の探書アンテナを通して探し当てた数々の本は全体としてひとつの大きな知識ネットワークを形成する。あえて〝知識ネットワーク〟と言ったのは、ある分野に関するひと連なりの読書を通じて、読者が自分の意志で構築したという意味合いだ。その知識ネットワークは信頼するに足る基盤となる。私自身も大学院時代は時間をかけてこの知識ネットワークをひとりでこつこつとつくり続けた。地道な作業であることは確かだが、その段階をスキップするわけにはいかない。

1-4. 紙から電子への往路――その光と闇を見つめて

近年すさまじい勢いで進んでいる文献の電子化は、私たちにとっての読書という行為とどう関わってくるのだろうか。これまでは、まったくアクセスできなかった数多くの稀覯本が電子化され、その多くが無料で公開されていることの恩恵を私たちは日々享受している。実際、国内外で公開されている電子化文献がなかったとしたらまちがいなく不可能だったにちがいない本も書けるようになった（たとえば、三中・杉山2012）。レファレンスとしての電子化文献が果たしている役割を私たちは積極的に認めないわけにはいかない。

1-4-1. 検索の舞台裏で

現代に生きる私たちはもうすでに十分すぎるほどインターネットを使った検索に慣れ親しんでいる。にもかかわらず、膨大な情報量をもつデジタル化されたデータベースは、いつでも誰でもうまく〝検索〟できるわけではない。もちろん、適当な〝検索語（キーワード）〟を入力すればそれなりの検索結果がヒットするだろう。これは誰にでもできる操作だ。しかし、いま入力した検索語がはたしてそれでよかったのかどうかをどうすれば評価できるのだろうか、もっと別の検索のやり方があったのではないかという疑問にどう答えればいいのか。

書物や論文に関する文献データベースもその例外ではない。上掲書『読書の歴史を問う』(和田 2014, 2020)の第8章「電子メディアと読者」では書籍や論文の〝電子化〟が取り上げられている。論文や書籍が次々に電子化され、そのデータベースが広く利用できるようになった現在、和田は「これまで遠く離れ、しかも希少であった過去の書物に対して、読者が近づきやすい環境は生まれている」(和田 2014, p. 184)とその利点をまず指摘する。私もこの点についてはまったく異論はない。

しかし、その一方で、大量の情報が用意されていることとそれを使いこなすこととは別だと著者は言う。

「電子化されている書物をうまく使うには、実は電子化されていない書物についての知識が重要なのだ」(同上、p. 187)

「教育や研究に携わる側からすれば、今日の電子情報や各種データベースは確かに「便利」だが、そう思うのは、便利でなかった時期の調べ方が自身の心身に刻み込まれているからなのである」(同上、p. 188)

「便利でなかった時期の調べ方」——私が大学で学んだ1980年代はまだインターネットが世の中に存在せず、本や論文を調べようとすれば、わざわざ図書館に足を運んで〝紙〟の図書カードをめくっては

在庫を調べたり、雑誌のバックナンバーを探しに薄暗い書庫のなかを歩き回ったり、各種の図書目録をめくったりという作業が不可欠だった。ネット書店など影もかたちもない時代だったので、本を探すとなれば、街なかの新刊書店や古書店をめぐるしかなかったし、ときどき送られてくる〝紙〟の新刊目録や古書目録はとても貴重な情報源だった。

こういう〝昔話〟を語っても下の年代の若手にはまったく通じないかもしれない（きっと別世界のできごとと受け取られるだろう）。しかし、上記の和田は、実にありがたいことに「こうした話は得てして昔の苦労話や懐旧談のように思われがちだが、実際には情報を集め、選別する際の効果的な手順や戦略が豊富に含まれてもいる」（同上、p. 188）と評価してくれる。確かに、少なくとも私が見るところでは、時間をかけて鍛え上げた探書アンテナをお手軽なネット検索に置き換えることは今のところまだできないと思う。ある研究分野の〝景色〟をすでに見渡せるだけのアンテナをもち、自分なりのロードマップを手にして初めて、首尾よく求める文献を〝検索〟することが可能になるのではないか。

手がかりもなくむやみやたらに調べ回っても埒が明かないことはすぐにわかってもらえるだろう。たとえば、私が何の事前情報も予備知識もない「中世イングランド国教会の祭壇宗教画」について調べろと迫られたとしよう。私はどうにもこうにも手立てがないので、しかたなく手始めに思いつくまま適当な検索語をネットに放りこんで検索させるだろう（みんなそうするはずだ）。もちろん、何らかの検索結果がディスプレイにいくつか表示されるだろうが、私の思考はきっとそこから先には進捗しないにちがいない。そもそも、自分では何ひとつ頭を使っていないユーザーが何も考えずに検索した結果は知識と呼べるのか。検索それ自体は、思索でないことはもちろんのこと、学習ですらない。

一方、私に課せられたテーマが「1960年代のアメリカの生物体系学理論」だったら話は別だ。そのテーマは私の専門中のどまんなかなので、当時の学派とか論争とか研究者コミュニティーについて即座に要点を列挙することができるにちがいない。必要とあれば、主要文献のリストやオンラインで公開されている資料アーカイヴの所在までさほど手間をかけるまでもなく調べ上げることができるだろう。ネット検索もやろうと思えばできるが、そうやって調べた検索結果の大半は使い物にならないことを私はひと目で見破ってしまうだろうから、そこに無駄な時間とエネルギーをいつまでも浪費することはないにちがいない。

この両者のちがいはいったい何なのだろうか。前者は私にとっては完全なる〝畑違い〟なので、いったいどのような先行研究がなされてきたのかがまったくわからないのはもちろんのこと、いつどこの誰がその研究を進めてきたのかも不明だ。要するに、この研究分野の〝地形〟と〝景色〟について私は何ひとつ知らないので、あてもなく五里霧中の手探りをするしかない。他方、後者の場合は分野の〝景色〟について私は事前に十分な知識をもっているので、何をどこで調べればいいのかの目星を付けることができる。

探索すべき〝場〟に的確にサーチライトを当てることができるかどうかは大きなちがいを生む。そして、この事前の知見はあえて言うならばインターネットが普及する以前に私が獲得したものの〝遺産〟だ。

ある研究分野に入ったばかりの初学者にとっては、デジタル・アーカイヴのかぎりなく広大な探索空間を検索キーワードだけを手がかりにあてもなく彷徨うのは得策ではなく、むしろ有害でさえある。むしろもっと限定されて境界がはっきり見える狭い空間の方が教育的には有益だろう。前出の和田（2014）はこう述べている。

> 「具体的な広さと物理的な限界をもった場所、いわば「函」の中で学んでいくことが、自身で研究できるようになるまでの大事な段階として機能する」（和田 2014, p. 199）

その「函」とは図書館の「書庫」あるいは「棚」である（同上、p. 198）。私もそう思う。文献の電子化がもたらすまばゆいばかりの〝光〟は、その影に隠された〝闇〟の暗さをいっそう際立たせる。

1-4-2. タイプとトークン

新刊が出版されるときには、日本であれば上製本や並製本として〝本〟のかたちを取り、場合によってはそれらが文庫本として再版されることもある。最近では電子本（eBook）が同時に出されることも多くなってきた。本としての〝物理的実体〟がどのようなかたちであるかにかかわらず、私たちはそれらの本はいずれも〝同じ〟本であるとみなす。この意味での本を「タイプ（type）＝型」と呼ぶことにしよう。タイプとしての本は〝紙の本〟あるいは〝電子本〟などいくつかの形式の本として実体化する。この実体化した本のそれぞれを「トークン（token）＝個例」と呼ぶことにする。私たちが実際に手にできるのはあくまでも「トークンとしての本」であって、「タイプとしての本」はいろいろな〝物理的実体〟として顕現する「トークンとしての本」の背後にあると考えられる〝仮想的〟な本だ。

私は長年にわたって〝紙の本〟である新刊本や古書を買い求めてきた。トークンとしての真新しい新刊本が誰の手にもわたっていないのは当然だ。一方、トークンとしての古書は私が手にする前にさまざまな前所有者（個人または図書館や大学）を経ている。ときには、前所有者（たち）の書きこみや付箋などさまざまな〝痕跡〟が残されていることもある。古沢和宏『痕跡本のすすめ』（古沢 2012）や山本貴光『マルジナリアでつかまえて――書かずば読めぬの巻』（山本 2020）に多くの事例が挙げられているように、トークンとしての古書はいわば私蔵本なので所有者によるさまざまな〝パーソナライズ〟の跡は後世に残ることになる。私自身も私蔵本は書きこみながら読みこむようにしているので、蔵書にはどれもこれも〝マルジナリア〟がいたるところに花開くことになる。

「タイプとしての本」の内容は、文字データあるいは画像データとしてさまざまなフォーマットに流しこむことができる情報であり、読者がそれを私的にいじることはいっさいできない。一方、読者が手にする「トークンとしての本」は〝物理的実体〟をもち、時空的に限定されているために、内的条件（所蔵者あるいは所蔵館など）だけでなく、外的条件（所蔵者や所蔵館の場所）をもあわせもつ。これらトークンとしての個別性は〝電子化〟あるいは〝電子データベース化〟されるとどうしても希薄になってしまう。

和田敦彦『書物の日米関係――リテラシー史に向けて』（和田2007）のなかで、著者は〝個物〟としてのトークン本のもつ〝固有性〟が電子化の過程で剝奪される危険性を指摘する。

「ここで私が一貫して問題にしてきたのは、こうしたときに書物から剝がれおちてゆくもの、なのである。書物が特定の場所をもたない情報のような存在となるときに見えなくなるもの、個々の人びとの手を経て、固有の歴史をくぐり抜けてきたその書物が、その書物であることの意味なのである。そうした書物の固有性、その書物がそこにある理由や経緯のうちには、本書で明らかにしてきたように、まさにそれらを取り巻いてきた時間が、人びとが、あるいは国家がその歴史的な役割とともに刻みこまれているのである」（p. 301）

タイプではなくトークンとしての著作物のもつ〝実体性〟ははたして電子化されたときに保全されているのだろうか。今、ある検索キーワードにヒットした論文がダウンロードできたとしよう。確かに検索者にとっては電子化されたその論文ひとつが読めればきっと事足りるにちがいない。しかし、その論文はあるシンポジウム特集の一論文としてその号に所収されたものかもしれない。その特集の他論文にはひょっとしたらもっと有益な知見が報告されている可能性がありはしないか。しかし、そのような論文どうしの内容のつながりは単にキーワードで検索するだけでは明らかにはならないだろう。少なくとも電子化されたその号全体をざっと見渡さないかぎり見落としのリスクはどうしても生じる。

1-4-3. 薄切りされる電子本

問題はそれだけにはとどまらない。これまで研究者が日常的に手にしてきた〝紙〟の学術誌には、査読を受けた原著論文や総説はもちろん、書評や短評や訂正記事、学会が出している雑誌であれば学会大会アナウンスや編集部コメントさらには人事公募や各種イベントの広報にいたるまで、実にさまざまな情報が盛りこまれている。しかし、それらの学術誌がいったん電子化されてしまうと、論文や総説などの〝主要〟なテクストは〝データ〟としてすくい上げられるが、それ以外の文章はまったく拾われることがないまま埋もれてしまう。はたして電子化されないそれらの〝マイナー〟なドキュメントには価値がないのだろうか。

ある時代の科学を担った学会誌や商業誌に投稿する研究者はある研究者コミュニティーを形成する。その研究者コミュニティーのなかでの議論・論争・競争を通じて科学は生き続けている。コミュニティー活動としての学会の動態は学会誌の隅々にまでその痕跡を残す。私が『系統体系学の世界——生物学の哲学とたどった道のり』（三中 2018c）で論じたように、動物体系学会（The Society of Systematic Zoologists）が1952年に創刊した『*Systematic Zoology*』誌やウィリ・ヘニック学会（The Willi Hennig Society）が1985年から出している『*Cladistics*』誌はいずれも、当時の生物体系学を強力に推進した学会の活動が誌面に色濃く反映されている。読むべき対象はひとつひとつの論文だけではない。どの巻号にどんな特集が組まれていて、誰がそれをオーガナイズしているのか、どういう順番で論文が並んでいるのか、謝辞には誰が挙げられているのか（あるいは逆にいないのか）、賛否両論はどのように並べられているのか、そして巻末の書評記事や短いコメントにいたるまでを全体として読み取るとき、時空的つながりのなかで生きている科学の姿をイメージすることができる。

私が大学院で学んだ習慣は学術誌は創刊号から〝通し読む〟というスタイルだった。〝薄切り〟にスライスされた論文をばらばらに読むのではなく、前後左右のつながりのなかで各論文を位置づけることにより、そして〝電子化〟されないような細かい付帯情報によって〝糊づけ〟することにより、学術論文の背後に広がる研究者コミュニティーの様相を垣間見ることができる。もちろんそういう学会が主催する年次大会などのイベントに参加する機会があれば、より直接的にコンタクトを取ることができるだろう。しかし、学術誌を介したとしても、読み方をうまく考えれば、さまざまな〝生きた情報〟を得ることは可能だ。

これは学術誌だけに当てはまる話ではない。これまで〝紙〟の本として出版されてきた専門書も近年は電子化されるようになってきた。洋書の学術書新刊の場合、従来はハードカバー版と廉価なソフトカバー版（ペーパーバック）の2種類の装幀で〝紙〟の本として出されることが多かったが、最近は電子版も同時に出版されることが多い。場合によっては、〝電子本〟がペーパーバック版に置き換わるというケースも散見される。和書でも同様に電子本での出版数は急速に伸びている。これはこれで読者が必要に応じて選べる読書の選択肢が増えることなので異論を唱えるつもりはさらさらない。

電子ジャーナルの普及により、いつの間にか研究者たちは検索ヒットした〝薄切り〟論文だけに目を通して満足するというスタイルに慣れ親しんでしまった。その読書スタイルが電子本の世界にもじわりじわりと入りこんでいるようだ。寡占的な大手学術出版社から出される専門書（洋書）のなかには、論文集ではない単著であるにもかかわらず、章ごとにばらばらに販売されている例が少なくない。紙の本では造本をいったん壊しでもしないかぎりそのような分割は不可能だが、電子本では該当ページを抜き出す作業は簡単にできる。そのように〝スライス〟した本では、ばらばらに売っても読者が困らないように、参考文献リストは巻末にまとめるのではなく、各章の末尾に別々にリスト化するように出版社側から要求されると聞いている。

薄く〝スライス〟された章を抜き取って購入する読者は、はたして「本を読んだ」ことになるのだろうかと私は疑わしく思う。一冊の本が有している全体としてひとまとまりの知識体系を読者に伝えるという目的（少なくとも著者はそう願っているだろう）は、このようなバラ売りされた電子学術書についてはまったく当てはまらないわけだ。

1-4-4. 知識の断片化と体系化

ここでは、最新の知識の〝断片〟としての「論文」とまとまりのある知識の〝体系〟としての「書籍」とを対置させてみよう。そもそも一冊の専門書を出版することにどのような学問的意義があるのだろうか。上で述べたように、文献を読むスタイルは〝紙〟から〝電子〟への急速な移行によって大きく変わった。しかし、それは読者それぞれの「読み方」だけの問題にはとどまらない。そもそも読者がどのような心構えをもって学問的な「知」と向かい合うのかというもっと本質的な問題と関わってくる（三中 2019a）。

学術書の編集者である橘宗吾は『学術書の編集者』（橘 2016）のなかでこう書いている。

> 「知識に情報としての側面があることを否定するつもりはありませんが、知識には、それを身につけようとすることによってその体系性・全体性に触れ、その全体を隅々まで知らないままそれを経験するという側面もあるでしょう」（橘 2016, p. 16）

ここで橘の言う「情報」とは研究上の出力（アウトプット）としての〝学術情報〟を意味している。最先端の学術情報は良くも悪くも〝断片化〟された知識である。自然科学系の研究分野では出力される論文の内容が専門化かつ狭隘化している。したがって学術的な知識断片としての「情報」という言葉それ自体には違和感はない。

しかし、論文として〝断片化〟された学術知識の吸収のみに安住してしまうと、それらの知識がもともと埋めこまれていたにちがいない研究者コミュニティーのなかでの位置づけとか歴史的な文脈や経緯に対して無関心になってしまうおそれがある。そんな〝よけいなこと〟にあえて関心をもたなくてもすむということだ。なぜなら、列挙された学術情報からは、それらを生み出した研究者あるいは著者に関するさまざまな背景情報はきれいに〝脱色〟され、無色中立な装いになって陳列されるからだ。

〝薄切り〟にされた断片的情報だけに目を奪われると、それらをつなぎ合わせる体系的知識を求める動機づけが希薄になる。ごく狭い範囲の最先端の知識さえあれば日々の仕事には事足りるだろう。論文のかたちで〝断片〟的な知識を入出力し続ける研究者にとっては、遠くを見渡したり、歴史を振り返ったりする必要性を感じないとしても不思議はない。では、断片ではないひとまとまりの体系的知識はなぜ必要なのだろうか。

橘は「情報には作者は存在せず、読者もまた存在しない」（橘 2016, p. 18）と言う。断片化・細分化された情報はニュートラルであるがゆえに著者や読者の存在は〝色抜き〟される。この風潮がもたらした弊害について『学術書を書く』（鈴木・高橋 2015）の著者はこう指摘する。

> 「「狭隘化」の問題は、学部-大学院の接続だけでなく、高校から学部へ、あるいは大学（大学院）から実業界へという、進学・進路のあらゆる場で共通しているように思えます。大学院重点化等の制度的問題に加え、前章で指摘したように、必要な「情報」を必要なときに逐次的に参照すればよいという風潮が教育の場に広がったこと、あるいは「専門外の専門を学ぶ」重要性すなわち「教養」あるいはリベラル・アーツ重視の作法が失われたことが、こうした深刻な社会的状況を招いたのではないか、と筆者は考えているのです」（鈴木・高瀬 2015, pp. 37-38）

一般論としての〝教養の喪失〟について論じることは本書の趣旨からははずれてしまうかもしれない。しかし、本を読んだり書いたりする行為がそういう論点と無関係であるわけがない。ここはあえて〝攻め〟の姿勢を取りつつ、どうすれば知の断片化・細分化の趨勢を押し戻して体系化・全体化を目指すのかの方策を考えた方がいいだろう（鈴木 2020 はこの点についてさらにくわしく考察している）。

もちろん、そのために乗り越えるべき壁は途方もなく高い。『異分野融合、実践と思想のあいだ。』（京都大学学際融合教育研究推進センター 2015）のなかで、宮野公樹は拙速は禁物だと釘を刺している。

「そもそも、学問の細分化は歴史的なもの。今の学術界は、数世紀をかけて現在の形態になった。それを無視して「重層化する課題解決には分野融合が必要」と一言述べたところで、歴史によって積み重なった学術界の形態が一瞬で変わるわけがない。本当に〝分野融合〟を推進したいのであれば、現状にいたる〝分野分裂〟に要した時間と同等かそれ以上の時間をかけなければならないだろう」（p. 69）

知識の断片化へのベクトルを逆転させるためには、これまでとは異なる強い動機づけが必要だ。宮野が目指しているような異なる研究分野間の〝融合〟が個々の研究者にとって魅力的とみなされるならば、自らの足元から広がっている研究の「場」を鳥瞰的に見渡す動機づけが得られるだろう。

私が専門とする生物体系学の分野は、一見まったく〝畑違い〟にみえる歴史言語学や写本文献学あるいは考古学や先史学との密接なつながりがある（三中 1997, 2018c; 中尾・三中 2012; 中尾他 2017）。このような、分野の〝壁〟を超えた関連性にいったん気がつけば、異分野との新たな〝連携〟や〝融合〟の契機が確かに広がっていく。他の研究分野でも潜在的には同様の可能性があるのではないだろうか。まずは最初の一歩を踏み出してみる好奇心と勇気が肝要だろう。

1-5．電子から紙への復路――フィジカル・アンカーの視点

私が今いる研究室には長年にわたって運びこまれてきた大量の本が積み上がっている。これらの本はいずれも1-4-2項の意味での〝トークン〟である。研究交付金や科研費で公費購入した本も少しはあるが、その他ほとんどすべては私費購入したりあるいはご恵贈いただいた本だ。とりわけ、古書として私のもとにたどりついた本にはさまざまな〝痕跡〟が残されており、私はそれらのトークンとしての〝素性〟をできるだけ詳細に書きとどめるようにしている。国内外のネット古書店を利用するようになってからは、さまざまなルートを回って古書がやってくる。あるときは大学図書館や公設図書館からの除籍本だったり、またあるときは私蔵されていた本だったり、また著者署名入りの献呈本が届くこともあった。一世紀くらい前の古書だと造本がほとんど崩壊寸前だったり（ばらばらになった〝紙束〟もたまにある）、第二次世界大戦後に出た本だと酸性化が進んで紙質がすでにボロボロになったりしていることもあった。

私たちが実際に手にすることができる本はタイプではなくトークンだ。出たばかりの新刊本と同じく、たとえ年季の入った古書であったとしても、私は手元に届いた本については、書誌情報はもちろん、それらがトークンとしてたどった経歴を必ず自分の目で確認することにしている。トークンとしての書物のも

つ〝物理的実在性〟はゆるがせにはできない。たとえインターネットを通じて世界中の書物が自分の目の前にあるパソコンのディスプレイ上で電子的に〝読める〟ようになったとしても、その書物がもともとは世界中のどこかに必ず〝実在〟しているという意識――「場所」の問題――から逃れることは私には難しい。

1-5-1．その電子本の原本は何か

近年、大規模なデジタル・アーカイブが利用できるようになり、さまざまな電子文献がネット公開され、古今の貴重な書籍（とくに古書）のオープンアクセスへの道が大きく拓かれた。たとえば〈Internet Archive〉https://archive.org/ や生物学系の〈The Biodiversity Heritage Library〉https://www.biodiversitylibrary.org/ を用いると、これまでは出向いて実物でしか閲覧することができなかった数多くの稀覯書をパソコンのディスプレイの上でページをめくりながら読むことができる。わざわざ図書館に足を運んで探索書の所蔵状況を〝紙〟の目録を漁ってさんざん調べ回ったあげく、海外の図書館にしか所蔵されていなくて地団駄を踏む経験を何度もした私には、今のような時代がやってくるとは夢にも思わなかった。たとえ本の実物を手にすることはできないとしても、そこに書かれているコンテンツをネット経由で見るあるいは読むことができるというのはデジタル・アーカイヴ化の大きな強みだ。

その一方で、ある電子本を目にするとき、それがどのトークン本をスキャンして電子化されているのか

が私はいつも気になる。古書の場合、まちがいなく〝紙〟の本から〝電子〟の本へと一方向的に転写されているだろう。上述したように、トークンとしての本はあるタイプとしての本が具現化したものだ。そのタイプ本は必ずしも不変ではない。本文の改訂が重ねられ、版が変わるごとにタイプ本は変異（modification）を遂げる。つまり、タイプ本は改訂されるごとに〝祖先〟から〝子孫〟への由来（descent）を経験する。その結果、異なる版のタイプ本はある系統関係を有することになる。ほとんどの場合は、初版を出発点として第2版、第3版……という改訂版が直線的に並ぶことになる。しかし、原書のある版が別の言語に翻訳され、それが翻訳版として別個に改訂されるようなときには、タイプ本の系統はそこで〝分岐〟を経験し、〝系統樹〟を形成することになる。

こう考えると、タイプ本の〝系統発生〟におけるある時点の様態が紙のトークン本として〝転写〟され、それがさらに電子化されたトークン本としてデジタル・アーカイブに所収されるという方向性ははっきりしている。私たちが手にする紙の本やディスプレイ上で読む電子本はあくまでもトークン本であって、さらにその元には系統的に変遷するタイプ本の系列が横たわっている。ある電子本を見るときには、その元になった紙の本は何か、さらにさかのぼってどのタイプ本が典拠となっているかを私は知りたい。

1-5-2. 物理的存在としての〝フィジカル・アンカー〟

和田敦彦の著書『越境する書物――変容する読書環境のなかで』（和田 2011）の第3章「今そこにある

書物——書籍デジタル化をめぐる新たな闘争」では、書籍の電子化をめぐる重要な視点が提示されている。和田は、まずはじめに、デジタル化された情報の出所となる物理的な本がもつ「フィジカル・アンカー」としての役割に目を向ける。

> 「読者がデジタルライブラリに対するリテラシーを培っていくうえで重要なもう一つの存在は、読者にとっての物理的な参照枠、フィジカル・アンカーである。簡単にいえば、それは物理的な本の形や棚という存在、物理的な図書館という「箱」の存在である。それはモノとしての書物、そしてそれを置く場所としての書架、図書館、書店といった物理的な存在である」（同書、p. 138）

和田の言う「フィジカル・アンカー」とは、電子本の典拠となる紙の本だけではなく、その本が所蔵されている「場」をも含むもっと広いリテラシー史のキーワードだ。このフィジカル・アンカーの果たすべき役割について著者はこう述べている。

> 「物理的な書物、はじめと終わりがはっきり形をとった書物、そして壁をもって明確にはじめと終わりのある場所、そうしたフィジカルな支え、基準点がないまま、偏在する膨大なデジタルデータを前にしても、それらを位置づけることはできず、個々の情報に翻弄されるしかなくなる。私がここでフィジカル・アンカーとして重視しているのは、こうした情報の参照点、アンカーとなる物

――理的な枠組みである」（同書、p. 139）

デジタル・データとしての電子本を日常的に利用するとき、その〝出どころ〟がどこなのかをつねに問いかける姿勢は失いたくない。たとえ、デジタル化された情報断片であったとしても、そのルーツは時空的に限定されたフィジカル・アンカーという進化的（歴史的）実体である。著者はそこに目を向けることが重要だと指摘する。

「モノとしての書物や書物の場所、仲介者を、単なるノスタルジーから評価するのではなく、感情的に固執するのでもなく、流動し、偏在する書物を読者が自らの生きる空間に結びつけ、つなぎとめるためのよりどころとして、改めて考える必要があるだろう。こうした具体的な形をもったよりどころ、いわばフィジカル・アンカーがあることで、私たちは情報を全体性や体系性のもとに位置づけることが可能になるのだから」（同書、p. 140）

この末尾の文章に出てくる情報の「全体性や体系性」という概念は、著者が思い描く情報の〝存在論〟と深く関わっている。書物の「断片」としての「情報」だけでは不十分であるということだ。ここにおいて私たちは〝電子本〟から〝紙の本〟へという逆方向のベクトルの存在にあらためて気づかされる。

1-5-3. 電子本と原本との対応──ヘッケル『生物の一般形態学』を例に

紙の原本からスキャンされた電子本は多くの場合pdfやKindleなどいくつかの形式で公開されている。例をひとつ挙げよう。ドイツの進化学者エルンスト・ヘッケル（Ernst Haeckel: 1834-1919）の主著『生物の一般形態学（*Generelle Morphologie der Organismen*）』（Haeckel 1866a）は生物学者としての彼の名を世に知らしめたデビュー作だ。全2巻から成る本書はベルリンのゲオルク・ライマー社（Georg Reimer）から出版された。私はかつて東京大学総合図書館が所蔵する〝紙〟の原書──すなわち〝フィジカル・アンカー〟──を実際に手にしたことがあるので、本書の復刻版あるいは電子版の良し悪しについて比較検討してみよう。

本書第2巻末にはとても有名な系統樹の図版（全8葉）がある。ミシガン大学所蔵の原本からスキャンされ、〈Internet Archive〉で公開されている電子本（Haeckel 1866b）を見ると、この図版のうち数葉は不完全にしかスキャンされておらず、まったくスキャンすらされていない折込み図版もある。一方、ロンドン王立内科医協会（Royal College of Physicians of London）所蔵本を原本として、同じく〈Internet Archive〉で公開されている電子本（Haeckel 1866c）にはそのような欠落はない。つまりフィジカル・アンカーである原本が同じでも、それが正確に電子化されているかどうかはひとつひとつ確認しなければならない。たとえ本文テクストが正確にスキャンされていたとしても、図版などの付録部分（パラテクスト）については致命的なミスが残っている可能性がある。油断も隙もない。

私は電子本の非だけを責めているわけではない。紙の復刻版でも同様のことは起こり得る。上掲のヘッケル本の紙の復刻版は1988年にワルター・デ・グリュイター社（Walter de Gruyter）から出版されている（Haeckel 1866d）。しかし、そこでは原書の折込み図版（図版ⅣとⅦ）が省かれていて、資料的価値がない不完全な復刻版となっている。近年はもっとたちの悪い復刻版もある。オンライン書店で検索をかけるとき、いくつもの〝スパム出版社〟が出す有象無象の出所の怪しい復刻本が検索効率を大幅に下げていることがある。ここでいう〝スパム出版社〟とは、版権の切れた本をどんどん復刻してネットで売る出版社のことで、具体的に名前を挙げるならば、Nabu Press, Books LLC, Kessinger Publishing, VDM Publishing などを指す。たとえば、比較解剖学者リチャード・オーエン（Richard Owen: 1804–1892）の主著のひとつ『脊椎動物の解剖学について（*On the Anatomy of Vertebrates*）（全3巻）』（Owen 1866）をネット検索すると、これらのスパム出版社からの復刻版がぞろぞろと300冊近くもヒットする。しかし、オーエンのこんな昔の解剖学本が大量に出品されることなど常識的に考えてあり得ない。どこか出自不明のトークン本から適当にスキャンしてそのまま印刷製本、そしてネットで売りさばくという販売スタイルだ。昔の稀覯書が復刻されたからといって単純に喜んでいると、とんでもないものをつかまされる危険性があるのでくれぐれも注意しないといけない。

実際、最低価格（Lowest Price）でソートした順にたぐっていくと、そのほとんどが上記のスパム出版社からの濫造本であることがわかる。この手のスパム出版物を回避して効率的に書籍検索するには、最高価格（Highest Price）でソートするのが効果的かもしれない。価格の頻度分布を逆手にとるということだ。あるいはブーリアン検索で最初からスパムを排除するという手もある。出版年で検索フィルターをかけることもできる。

タイプとしての本のある時点のトークン様態がフィジカル・アンカーとなり、それを元本として電子本や復刻本がつくられる。フィジカル・アンカーが実際に参照できるのであれば、電子本にせよ、紙の復刻版にせよ、もし問題があったとしても検出できるだろう。しかし、ときには、出典が明示されず、出どころがあいまいな文献が電子化公開されていることがある。著作権上の問題をはらむ場合はもちろんだが、すでに著作権が切れている場合でもフィジカル・アンカーがわからない電子本（あるいは復刻本）は要注意だ。便利だからと言って、そのような得体の知れない電子本は〝フシアワセ〟をもたらすかもしれない。

本節の最初で述べたように、私は電子本の御利益はよく理解しているつもりだ。アクセスのしやすさ、検索機能の便利さ、場所を取らないことなど、多くの点で、電子本は紙の本にはない利点をもっていることに異論はない。その上で、私が電子本を利用するときには可能なかぎりフィジカル・アンカーとしての紙の本を手元に置くようにしている。入手困難な稀覯本が電子化されている場合は、念のためフィジカル・アンカーが異なる複数の電子本を比較しながら参照するくらいの慎重さが求められる。

電子本と紙の本は本来は〝対立〟を引き起こすようなものではないはずだと私は考えている。しかし、元の出典となる紙の本がそっくりそのまま〝電子化〟されるわけではけっしてない。上で述べたことは主として本文テクストの電子化を念頭に置いているが、それ以外のパラテクスト（図版などの付随的要素）については現状の電子化はそのまま鵜呑みにして信用できるものではない。フィジカル・アンカーとしての本が有する〝フィジカル〟な属性、すなわち、大きさや重さ、使われている紙、印刷方法、欄外の〝マルジナリア〟など、通常のテクストの電子化によっては漏れ落ちる情報は少なくない。そのような〝捨てられる情報〟に価値を見出すかどうかはユーザーとしての読者に委ねられている。手際よく「自炊」して元の紙の本は廃棄してしまうという昨今流行のスタイルは、もちろん長所もあるのだろうが（重々承知している）、私はいまだにそういうことは怖くてできない。

1-6. 忘却への飽くなき抵抗——アブダクションとしての読書のために

私が本を読むときには「一定速度でページをめくる」という規則を自分に課している（意識しているわけではないが、結果的にそうなっている）。つまり、加速をつけて読み飛ばしたり、ゆっくり読みこんだりしないで、だいたい定速で着実に読み進む。ただし、定速は低速ではない。ふつうに書かれてある文章ならば、1時間で100~150ページという定速読書が基本ペースとなる。1000ページを超えるような大著であってもこの原則には変わりがない。読書速度×読書時間＝総頁数という〝法則〟に例外はない。新しいページをめくったらできるだけいっぺんに多くの行を視野に入れて写真を撮るように「見て」しまう（ひょっとしたら「読んで」いないのかもしれない）。著者に関する事前知識が十分にあれば、すべての単語に目を通すまでもなく、キーワードを〝節点〟として〝近似〟しながら読み進むというワザも（たまには）使える。

とくに書評を前提とする読書の場合は、〝書きこみ〟のための下記の方策を用意している。

1. マルジナリア
2. メモ書き
3. 付箋紙

私にとって読書する際のこの〝備忘三点セット〟は不可欠だ。「マルジナリア」とは読んでいる本に傍線を引いたり〝余白〟へ書きこみをすることであり、「メモ書き」は別紙に書き記したメモ、そして「付箋紙」は小紙片を貼りこむことで注意喚起をする。もともと私には読んでそのまま覚えるという習慣（能力）が欠落しているらしく、記憶にとどめるためにひたすら〝書きこみ〟をしてきた。基本ポリシーは

「ものごとは頭に覚えさせず、必ず紙に覚えさせるべし」だ。このやり方はかれこれ30年間近く私が実践してきた「体系的メモ書き法」（三中 2016a, b）からの派生だ。いったんきちんと書きこめば、安心してきれいさっぱり忘れられる。本読みの場合も、書きこんだメモをたどるだけで、効率的な〝高速再読〟と〝記憶復元〟が期待できるだろう。

読み終えた本の内容をどのようにして記憶にとどめておくかは読書の根源に関わる歴史的な問題だ。しかし、メアリー・カラザースの大著『記憶術と書物』（Carruthers 1990）によれば、中世においてはその関係は逆転する。書物とは記憶のための「外的補助具」であると主張するカラザースは、両者の関係についてこう述べている。

> 「今一度強調しておきたいのは、書物は記憶をなぞったものではないということ。本と記憶《メモリア》の関係は鏡やコピーの関係ではない。羊皮紙に書かれた文字がその内容をなぞったものでないのと同じである。両者の間にはもっと機能的な関係がある。本は記憶の要求に役立つのだから、記憶を「補助する」といっていいだろう。記憶の要求には生物学的なものもあるが、その多くは中世の記憶文化においては、慣行的、したがってまた因習的、社会的、倫理的なものである」（同書：訳書、p. 313）

したがって、書物を手にした読者はそこに記されている文章などを手がかりにして、著者の思想全体を発見したり想起するための「記憶術」の技法が必要となる（同書：訳書、pp. 42–43）。

ある本を読み進むとき、著者ならざる読者はそこに書かれている内容を自分なりに咀嚼し、著者の考えを理解しようとするだろう。一読してもわからないときは、行きつ戻りつしながら再読することもあるにちがいない。重要な箇所があればそのつど〝書きこみ〟をすることで標識を立てるかもしれない。そして、試行錯誤しながら部分的な理解をつなぎ合わせ、大きなその著者が構想する全体像を一望のもとに捉えようとするのが読者の目標となる。

「ライン学（linealogy）」すなわち「〝線〟の文化人類学」の提唱者であるティム・インゴルド（Ingold 2007, 2015）は、読書を一本の線としての〝道〟を旅する旅行者にたとえている。

「中世以降の注釈者は、読書を徒歩旅行に、ページの表面を人が住む風景に繰り返しなぞらえていた。旅することがその道筋を記憶することであるように、また物語を語ることがその進行を記憶することであるように、読むことは読むという方法においてテクストを通って踏み跡を辿り直すことであった。人は物語や旅を記憶するのとまったく同じ方法でテクストを記憶した。要するに、ストーリーテラーが話題から話題へ、旅人が場所から場所へと進むように、読者は言葉から言葉へと進みながら、ページの世界に住んでいたのだ。居住者にとって、歩行のラインは知の方法であり、記述のラインは記憶の方法である。両者ともに、知は運動の道筋に沿って統合される」(Ingold 2007, p. 91: 訳書、p. 147)

積極的に読むということは、その本に記された〝踏み跡〟を一歩また一歩とたどりながら、著者が描き出す風景を追体験し、歩行の軌跡としての〝線〟をかたちづくっていく。ある本に記された〝踏み跡〟は必ずしも明瞭に遺されているわけではない。それを手にした読者は、ことによると道をまちがえた〝誤読〟をしてしまうこともあれば、著者の思慮を大きく踏み外した〝深読み〟をしてしまうことさえきっとあるだろう。いずれにしても、パーソナルな体験としての読書はスタートからゴールにいたるまで終始一貫して知的な冒険であり、前もってお膳立てされた旅行とは一線を画する。インゴルドは次のような比喩を提示している。

「踏み跡の追跡や徒歩旅行と、あらかじめ地図が与えられた航海との区別は決定的に重要である。航海士は地図という領海の完全な表示を目の前に持っていて、出発前に辿るべきコースを設定《プロット》することができる。したがって旅はその筋書き《プロット》をなぞるものに過ぎない。それと対照的に、徒歩旅行では、以前に通ったことのある道を誰かと一緒に、あるいは誰かの足跡を追って辿り、進むにつれてその行程を組み立て直す。この場合、旅行者は目的地に到達したときに初めて自分の経路

――を把握したと言える」（Ingold 2007, pp. 15–16; 訳書、pp. 39–40）

最初から旅程が決まっている快適な〝船旅〟とはちがって、いろいろ苦労の多い〝徒歩旅行〟では行く先々で見聞きする個人的読書体験が大きな役割を果たす。その個人的体験はそのつど書きとどめるために、上述したマルジナリア、メモ書き、そして付箋紙という手段が用意されている。そのようにして記録された〝踏み跡〟の連なりから、読者はより大きな風景と地形の知識をかたちづくっていく。インゴルドは〝徒歩旅行者〟による知識の獲得についてこう述べる。

「要するに、カント的な旅行者が、自らの精神の中にある地図上で推論するのに対して、歩行者は地面の痕跡から物語を引き出すのだ。測量士であるよりも語り手である歩行者の目的は――カントが持っていたような――「分類と配置」、あるいは「その分類の中にあらゆる経験を置く」ことではなく、各々の印象を、その出来事との関係の中に位置付けることである。出来事は、印象の下地を作り、やがて印象と一致し、その印象についていくのだ。この意味で、歩行者の知識は分類的ではなく物語的なのであり、総合的でも概要的でもなく、終わりのない探索的なものなのである」（Ingold 2015; 訳書、p. 101）

「痕跡から物語を引き出す」――すなわち部分から全体への推論は一般に「アブダクション（abduction)」と呼ばれている（三中 2018c, d)。限られた既知の情報から未知を目指すこのアブダクションは、インゴルドが言うように、「終わりのない探索的なもの」であり、よりよい説明を求めてはてしなく連鎖していく。

本を読むという行為が部分から全体へのアブダクションとみなせるならば、ここで歴史学者カルロ・ギンズブルグ（Carlo Ginzburg）の見解を参照するのは理にかなっているだろう。彼の論文「徴候。痕跡解読型パラダイムのルーツ（Spie. Radici di un paradigma indiziario)」（Ginzburg 1979）によると、人類がかつて送ってきた採集狩猟生活のなかで既知から未知への推論能力（アブダクション）が獲得されたという。

「何千年もの間、人間は猟師であった。数限りなく追跡を繰り返す中で、彼は姿の見えない獲物の形姿と動きを、泥土に残された足跡、折れた木の枝、糞の玉、一房の頭の毛、引っかかって落ちた羽根、消えずに漂っている匂いなどから復元するすべを学び取ってきた。よだれの線条のようなごく微小の痕跡を嗅ぎとり、記憶に留め、解釈し、分類するすべを学び取ってきた。密林の奥や落とし穴だらけの林間の草地にあって、複雑な知的操作を瞬時にして成し遂げるすべを学び取ってきたのであった。（中略）この［狩猟型の］知を特色づけているものは、一見したところ何の意味もないように見える実地の経験にもとづくデータから直接には経験しえない或るひとつの総体的な現

実にまで遡ってゆける能力である」(Ginzburg 1979 [1986], p. 166; 訳文は上村 1986, pp. 361-362による)

ギンズブルグは、痕跡や断片を手がかりに「直接には経験しえない或るひとつの総体的な現実」にまでさかのぼり、断片的な〝痕跡〟の情報から未知の全体を復元しようとするこの思考法を「痕跡解読型パラダイム(un paradigma indiziario)」と呼び、上述のアブダクションと関係があると述べている(Ginzburg 1979 [1986], p. 198, 脚註38:訳書、p. 335, 原註38)。

さらに、前出のカラザースも中世記憶術における「記憶の技法」は「想起の技法」であると論じた箇所で、同様の指摘をしている。

「想起の作業でいちばん重要なのは「捜し出すこと」で、ちなみにこの「捜し出すこと(investigatio)ということばは、「わだち」とか「足跡」を意味するvestigiaと同じ語源をもっている。記憶術の、事物を組織化するスキームは、どれも発見的なものであり、「発見すること」を目的とする再生のスキームである。「発見的(heuristic)」ということばは、「発見する」というギリシア語の動詞から派生したもので、私は、「経験的探求を誘発したり行なったりするのに役立つが」、それ自体「立証されていない、あるいは立証不可能な」あらゆるスキームないし構成物という意味で、

――この「発見的」ということばを使っている」(Carruthers 1990；訳書、pp. 42-43)

このように、カラザースの記憶術の解釈とギンズブルグの「痕跡解読型パラダイム」さらにはインゴルドが論じる〝徒歩旅行者〟による知識の獲得方法の三者がみごとに共鳴している点はとても興味深い。現在の読者であるわれわれが本に向かってさまざまな〝書きこみ〟をすることは、積極的かつ生産的な読書行為として不可欠であり、それなしには読書という鍛錬を通じた知的な〝脚力〟は身に付かないとさえ言えるのではないだろうか。旅する読者は〝書きこみ〟を通じて自分なりの読書の〝痕跡〟を点々と残し、それを足がかりにして未知なる全体への発見的なアブダクションを成し遂げようとする。

図書への〝書きこみ〟に対しては根強い反対論をよく耳にする。たとえば、図書館のライブラリアンたちはその筆頭だ。もちろん図書館が所蔵する本に勝手に私的な書きこみをするのは論外の行為であり、図書資料を保存する立場からはもっともだ。しかし、公共物であれ私物であれ、図書をきれいに保存するためのさまざまな教訓はえてして読者の便宜をぜんぜん考えていない。読者にとっての本は思う存分使い回すための資料のひとつに過ぎない。だから、汚れたり壊れたり紛失したりすることは想定内の事態で、必要があればもう一冊買えばいい。そんなに本がたいせつだったら、日本の公共図書館は所蔵本をすべて「閲覧禁止」かつ「貸出禁止」にしてしまえば、無傷のまま何十年も何世紀も安全に保管できるのではないかとさえ思ってしまう。読む人がいなければ本は汚れないし傷まないし〝不適切〟な取り扱いもきっとなくなるだろう。万々歳ではないか。図書館関係者たちは自分では本を読まないのかな。ただの〝消耗品〟を後生大事に抱えこんでいてもしかたないだろう。

私の場合、図書は基本すべて私費購入なので、盛大に書きこみをしたり付箋紙を貼りつけたりしている。そうしないと研究資料として使い回せないし、そもそも（私にとっての）読書すらできない。書きこみ本は極度にパーソナライズされた物件なので、他者が手に取ることを前提としていない。同じ本が必要ならば各人がそれぞれ買って、自分用にパーソナライズすればいいだけのことだろう。ライブラリアンにいくら文句を言われようとも、一読者の立場から言わせてもらえば、本は書きこみや付箋によってしっかり〝身体化〟しないと読んだことにならない。

ただし、１００年以上経過した古書やそれほど古くはなくても半世紀前の旧共産圏の本は付箋紙の糊で活字面が剝がれ落ちることがあるので要注意だ。

1-7. 〝紙〟は細部に宿る──目次・註・文献・索引・図版・カバー・帯

私は、読者であると同時に、書評者でもあり、著者でもある。だから、私がある本を手にして読み始めるときには、一読者として読み進むと同時に、一書評者の視点から「この本は書評するとしたらどう書けるか」を考えることもあり、一著者の立場からは「自分だったらどんな本づくりをするだろうか」という問題意識が湧くこともある。いずれにしても、本を読むスタイルは人それぞれなので、以下に記す読み方は私が長年続けてきた極私的スタイルとみなしていただきたい。

一冊の本にとっての〝本体〟である本文をどう読むかについてはこれまで私の経験を踏まえて述べてきたが、それは私にしか通用しないことは重々承知している。「ミナカさんはよくあれほど本を読めますね」と言われることがときどきある。でも〝読書家〟と呼ばれる人は世の中にもっとたくさんいるわけで、本を読むことそれ自体に何かしらの価値を置く必要はないと思う。どのようなジャンルの本であるかによっても読書行為のありようはちがってくるだろうし、読書に関してみだりに一般論を開陳してもしかたがない。

私のスタイルは本文だけにとどまらない。本文と深く関わる他の構成要素もまた、本を読みそれを理解する上で重要な役割を果たす。その構成要素とは目次・註・文献・索引・図版そしてカバージャケットと帯だ。もちろん、造本や装幀も重要な要素であり、私個人的にはそれなりに思い入れもあるのだが、ここでは触れないでおこう。

和書ならば本の最初に置かれている目次は多くの場合さっと読み飛ばされてしまうことが多いのではな

いだろうか。しかし、私は目次はしっかり読むようにしている。本文がどれほど分厚くても、目次はたかだか数ページの分量しかない。だから、目次さえ目を通せば、本の内容の全体構成や論じられているテーマを効率的に読み取ることができ、いわば「短縮された読書」を達成することができる。最近では出版社のウェブサイトに本の目次を公開していることが多いので、読者としてはとてもありがたい。しかし、場合によっては、校正ゲラ段階での暫定的目次をそのまま掲載している事例が散見される。また、ノンブル(ページ番号)を付していないことも多い。私は自分のウェブサイト〈leeswijzer: een nieuwe leeszaal van dagboek〉(三中 2005-現在)で紹介する際には、目次とノンブルの情報を確認しながら(ときにはわざわざ手入力して)公開するように気を付けている。手間はかかるのだが、誰のためでもなく、自分のためにそうしている。

巻末の索引を読む人は、残念なことに、目次の読者よりもさらに少ないかもしれない。自分で本を書いてみると、索引項目のピックアップが著者にとって(担当編集者にとっても)とてもたいへんな手間ひまのかかる作業であることを実感する。言及されているキーワードや人名などが採録されている索引は、もうひとつの「短縮された読書」にとってとても役に立つ。

しかし、とくに最近の新書では註や文献リストとともに索引を省略する傾向が少なからずある。翻訳書でも、原書にはとても充実した註と文献リストそして詳細な索引が付されているにもかかわらず、日本語訳ではばっさり切り落とされていることさえある。註・文献・索引の三点セットを切り捨てる日本の翻訳業界の〝悪行〟を見るたびに「地獄に落ちろ」と毒づいている。この三点セットを省略することは、訳本の価格をそれなりに下げはするのだろうが、同時に資料的な価値はほぼゼロとなってしまう。価格か価値かと問われたら価値の方が大事ではないのか。新書や翻訳書で三点セットのない著作は、文字で書かれた本ではあっても、参照すべき文献にはなり得ない。代案として出版社のウェブサイトで電子公開されている場合もなきにしもあらずだ。しかし、ある出版社がむこう何世紀にもわたってそのまま安泰に存続すると断言できるだろうか。出版社がなくなれば当然ウェブサイトは消え去り、公開されていた電子資料もあえなく〝電子の藻屑〟となってしまうだろう。紙に印刷されていればそんな心配はもともとなかったにちがいない。

私は新書であっても必ず文献リストと事項索引と人名索引は付けるように出版社に要求する。誰のためかと言われたら、「自分のため」と即答する。第3楽章でくわしく述べるように、そもそも本を書くのは自分のためであって、他人のためではない。あとで自分の本を検索するときに、文献リストと索引がないと困るのはほかならない自分である。読者としての自分のためにならない本は書きたくないし、自分にとって資料的価値がある本をつくりたいと思う。他人が読んで「おもしろい」とか「参考になる」と言ってもらえたら、それは文字どおり望外の喜びであり、最初からそれを狙っているわけではない。

「註（脚註・後註・傍註など）」については言いたいことが多々ある。前節では他の著者が書いた註を勝手に削除してしまうような〝悪行〟は天罰が下るぞと脅したのだが、私自身は註の入った文章は自発的には書かないことにしている。その理由はしごく単純だ。そもそも本の註――頁端の脚註、章末や巻末にまとめられている後註、本文に挿入される傍註や割註など――はいったいどうやって〝読む〟べきなのかとても悩ましい。本文中に後註の指示があるたびに末尾までページをあちこちめくったりまた戻ったりするのは読書の〝動線〟を中断するように思えてならない。あるいは、本文だけ先に読んでしまって、註はあとでまとめて読めばいいのだろうか。それとも逆に事前に註を読み終わってから本文を読み始めるのか。いずれにしても、本文と註との参照関係が遠隔になってしまうと読みづらいことこの上ない。

読書の〝動線〟を断ち切るのは註だけではない。文中で言及・引用される文献の参照様式についても言いたいことがある。文献参照の文中リンクが「番号」付き脚註で示されていることがある。たとえば「〜という研究成果がすでにある【*1】」というスタイルだ。しかし、この【*1】という文献番号にはまったく具象性がないので、そのつど章末に示された文献註【*1】を見なければならない。そこには「□□ 2019, p. ◎◎」などと当該文献が示されているだろう。しかし、その「□□ 2019」のくわしい書誌情報についてはさらに巻末にまとめられた文献リストをわざわざ見に行かねばならない。この一連の作業が読書の〝動線〟を何重にも切り刻んでいることは明らかだ。

この点に関しては、私は、本書でも実践しているように、もっと単純な文献参照様式をいつも採用している。それは「～という研究成果がすでにある（□□ 2019, p. ◎◎）」というスタイルだ。この方式だと、最低限の著者と発表年の情報が文中に明示される。事前情報をもつ読者であればそれだけで文献リストを見に行かなくても具体的内容がある程度は理解できることもあるだろう。それは読書の〝動線〟をできるだけ切らないための配慮だ。

そんなわけで、私は自分で本を書くときはいっさい註を付けないように配慮して書いている（第3楽章参照）。理由は読むときと同じく、執筆の〝動線〟が切れてしまうからだ。書くべき内容があるならばすべて本文内に織りこんでしまえば、註をあえて付ける必要はそもそもない。盛りこむべきコンテンツは本文として書く。それ以外に書くことはぜんぜんない。しばしば本や論文で註がそのまま文献リストになっていることがあるが、誰のどんな文献が引用されているかが一目瞭然でわからない点で超困りものだ。文献リストは巻末に一括してまとめてほしい。

この点についてては、これまであまり深く考えたことはなかったが、要するに文体（スタイル）の好みの問題だろう。他人だったら註に入れるであろうトリヴィアルな内容も、私の場合はすべて本文中に取りこんでしまう。重要な論点と些細な挿話を文章のなかでいわば対等に扱っているということになる。

そういう文章の書き方を長年にわたって実践してきたのは進化学者スティーヴン・ジェイ・グールド

(Stephen Jay Gould: 1941-2002) だった。彼の数あるエッセイ集（たとえば Gould 1983）では註はよほどのことがないかぎり付されていない。エッセイのひとつひとつは短いのでそれは当然だろうと思われがちだが、彼のこの文体上の特徴は短編エッセイにとどまらない。たとえば、グールドの遺作となった『進化理論の構造（*The Structure of Evolutionary Theory*）』（Gould 2002）は、１５００ページにも及ぶ大著でありながら註がひとつもない。一般に科学史書は本文以上の分量の註が付けられていることがあるが、同じグールドの『個体発生と系統発生（*Ontogeny and Phylogeny*）』（Gould 1977）は、反復説を詳細に論じた５００ページにも及ぶ科学史の著作であるにもかかわらず、やはり註はほとんどない。グールドは一貫してあらゆる事項を本文中に織りこむという文体を守り続けた。

　些末なトリヴィアと要点のエッセンスとを同じ文章のなかで混在させるというのは、ある意味では賭けみたいな危うさがある。ヘマをすると読者を迷わせ、樹海に誘いこむおそれがあるからだ。「良き理系文章」を書くための指南書であれば、きっと積極的に「註」を利用して、肝心の「本文」はスリムかつクリアにせよという教訓があっても不思議ではない。しかし、私はあえてそういう「スリム」や「クリア」とは無縁の文体を心がけるようにしている。トリヴィアからエッセンスへと読者を引っ張り上げるグールドの熟練の技に心酔しているからだろうと勝手に自己分析している。あるいは、プレリュードで言及した〃ワルみなか〃のせいかもしれない。私的な文章の好みを言わせてもらえば、本は巻物のようにすっきり一本筋が通っているのがいいなあ。読む側にとっても、そのつど註への参照を強制されるようでは、文章を読み進む勢いを削がれることになるだろうし。

さて、次の文献リストの問題はいろいろ根が深い。ある意味で文献リストは本文以上に情報ソースとしての正確さが求められていると私はみなしている。とりわけ自分で本を書く機会を得てからは、文献リストづくりはほとんど病膏肓に入る状態になってしまって現在にいたっている。なぜそこまでこだわるのかと言えば、のちのち自分が頻繁に参照するのは本文よりもむしろ文献リストであることが多いからだ。さらに言えば、文献リストは一般読者にとって本文の内容の典拠がどこに発表されているのかを知る上で唯一の手がかりを与えるものなので、個々の文献項目をしっかり確認した上で正確に伝わるようにリストをつくりこむ必要がある。

２０１８年４月に出版された拙著『系統体系学の世界――生物学の哲学とたどった道のり』（三中2018c）の文献リストには約１０００の項目があった。分量が分量なので覚悟はしていたのだが、これだけの数の文献をソートし、さらにバグ（〝蟲〟）捕りをするのははてしない作業だ。たいていの本では文献リストは本文よりも小さなサイズのフォントで組版されるので、校正ゲラが出てからの正誤チェック作業も視力検査並みに目を酷使する。いくらゲラのチェックをしてもあとからあとから細かいバグどもが見つかるのはいつものことなので、それは観念している。

しかし、そういう本づくりの上での問題以外に、文献リストにははるかに深い〝闇〟が潜んでいるように感じる。例をいくつか挙げよう。

(1)長い歴史をもつ学術誌の場合、版元の変更や学会の意向で誌名が途中で変更される場合がある。最近のひとつの傾向は、もともとはドイツ語誌名の雑誌だったが、〝グローバル化〟のあおりで英語の誌名に変わることだ。その際に困るのは、当該誌のウェブサイトでアーカイブを検索しても元の誌名がたどれなくなってしまうことだ。たとえば、『*Journal of Zoological Systematics and Evolutionary Research*』誌は1999年以前には『*Zeitschrift für zoologische Systematik und Evolutionsforschung*』誌だったし、『*Systematic Biology*』誌は1992年までは『*Systematic Zoology*』誌だったはずなのに、その出自が版元ウェブサイト上では現在見えなくなっている。その結果、安易に当該誌のウェブサイトで過去のバックナンバーの論文を検索すると、その年次には存在しなかった誌名で書誌情報がヒットしてしまう。このミスを回避するには〝紙〟の雑誌をさかのぼってひとつひとつチェックしなければならない。

(2)雑誌論文については掲載誌の「巻数」と「号数」を明記するのが常識だが、号数を略してしまうと元論文が検索できなくなることがある。たとえば『*Anthropological Linguistics*』誌のように、巻数は同じで、しかも号によってノンブルをリセットするジャーナルでは、巻・号が両方が明示されないと検索できなくなる。とくに、古い論文の場合、最近ではDOI(Digital Object Identifier)が付されていることも少なくないが、ＤＯＩはあくまでも個々の論文の同定手段であって、それがどの媒体（雑誌）のどの巻号に埋めこまれているかは個別に確認する必要がある。ある巻の巻頭論文だからといって、必ず「第1号」に掲載されているとはかぎらない。場合によっては「第1－2合併号」だったりすることがたまにある。これまた人力で紙のバックナンバーを確認する必要がある。

（3）雑誌の巻号と刊行年（公式）がずれていることがある。ほとんどのジャーナルは巻号と刊行年が同期しているが、たとえば『*The British Journal for the Philosophy of Science*』誌みたいに両者がずれていたり、同じ巻の発行が号によって複数年にまたがることがある。これまたそれぞれ確認を要する。

（4）フランシス・アーサー・バサー（Francis A. Bather: 1863-1934）のロンドン地質学会会長演説（Bather 1927）は、90年も前の論考であるにもかかわらず、分類学と系統学との関係を論じるとき、現在でもときどき引用（言及）される基本文献である。問題はその出典の確定だ。『系統体系学の世界』の原稿段階の文献リストでは当初は次のように引用した。

Bather, Francis A.（1927）. Biological classification: Past and future. *Proceedings of the Geological Society of London*, lxxxiii（part2）: lxii–civ.

確かに、ロンドン地質学会のアーカイブを参照すると、当該巻の冒頭ページには『*Proceedings of the Geological Society of London*』と大書されている。私はてっきりこれが誌名だと長らく思いこんでいた。世の中には『*Proceedings of* ~』なる誌名をもつ雑誌は山ほどあるからだ。しかし、実はそれはまちがいだった。ロンドン地質学会の会報は、創刊された1845年から1970年までは『*The Quarterly Journal of the Geological Society of London*』が正式名称だったからだ。

とすると、上の『*Proceedings of the Geological Society of London*』はいったい何なのか。どうやら一般投稿論文を掲載する『*Journal*』のセクションとは区別して、広報や訃報あるいは寄付者一覧など学会事務報告をまとめたセクションを『*Proceedings*』と呼んでいたらしい。ノンブルが『*Journal*』では通常のアラビア数字1、2、3…なのに、『*Proceedings*』ではローマ数字i、ii、iii、…なのはそのせいか。で、バサーの会長演説（Presidential address）もまた、他の一般論文が載る『*Journal*』のセクションではなく、この『*Proceedings*』セクションに別格扱いで掲載されたようだ。

この文献項目はけっきょく次のように修正することになった。

> Bather, Francis A. (1927). Biological classification: Past and future. An Address to the Geological Society of London at its Anniversary Meeting on the Eighteenth of February, 1927. Pro-

ceedings of the Geological Society of London: Session 1926–1927. *The Quarterly Journal of the Geological Society of London*, lxxxiii (part 2): lxii–civ.

後日届いた著者の献呈署名入り抜き刷り（もちろん紙）を確認したところ、各種の学会賞（メダル）授与報告（pp. xlii–li）と学会長による会員逝去報告（pp. lii–lxi）が最初に置かれ、上記論文はそれらのあとに続いていた。先日来の疑問はこれでやっと最終的に解決した。文献項目ごとにいちいちこんな〝探偵業務〟をやっているようでは時間がいくらあっても足りないのだが、私は実はそれを密かに愉しんでいたりするのでよけい始末が悪い。

私が過去に書いた本でも、本文にまちがいがあったり、賞味期限がとうに過ぎていることは（ときどき）あるが、文献リストだけはのちのちまで利用価値があるように心して管理している。あるテーマについて調べるときに、やみくもにネット検索してもはずれが多いが、自分のつくった文献リストを調べるのがもっとも効率が高いのは当然だ。やたらエネルギーを浪費して〝乱射〟するよりも、ピンポイントで〝狙撃〟に成功すればその方がはるかにシアワセな人生が送れるだろう。文献リストづくりとアップデートはそのための手段だ。

文献リストに関してはこういうふうに作成者の視点がどうしても入ってくるので、他人が書いた本を読むときにもつい文献リストをチェックしてしまう悪い癖が付いてしまった。たとえば、よくあるのは雑誌名を略記してしまうスタイルだ（割によく見る）。たとえば、「PNAS」と略記される著名な雑誌の正式名称は「*Proceedings of the National Academy of Sciences of the United States of America*」だ。もちろん、ある科学者コミュニティーのなかでは「PNAS」と書けばそれで十分なのだろうが、他の読者にはそれでは通じないかもしれない。自分にとっても、正式名称を確認する必要が生じたときに不便だろう。そんな理由で、私がつくる文献リストは必ず略記ではない正式誌名を書くように心がけている。

最後に、図版・カバー・帯という〝パラテクスト〟について私の考えを述べておきたい。本文テクストとこれらのパラテクストがどのような関係にあるかは、著者の考えによって大きく異なるだろう。本に挿入される図版はまだ本文との関係が密接だが、カバージャケットや帯に書かれた文章や挿絵の扱いはどうだろうか。私の考えでは、カバージャケットや帯は本から派生した〝延長表現型〟とみなされるので、本の〝本体〟と同格の扱いをしてほしい。

以前、自分の新刊本をとある図書室に献本したとき、目の前で帯とカバージャケットを当然のごとく剝ぎ取られたときは、瞬時に血圧が上がってしまった。ライブラリアンとしてはごく当たり前の対応だったのかもしれないが、著者にとっては〝喧嘩を売られている〟のと同じだ。私が書いた2冊の講談社現代新書『系統樹思考の世界』（三中 2006a）と『分類思考の世界』（三中 2009）では、カバージャケットの裏側に本文とは独立した図版と説明文が印刷されているので、カバーだけ剝ぎ取ってゴミ箱に放りこむことがそもそもできないようにしている。なお、講談社現代新書は基本装丁が統一されていて、カバージャケットも色の差のみしかちがいがないので、むしろ帯で差異化を図っているところがある。

どんな本でもカバージャケットや帯の文章と絵柄には版元としてあるいは著者としての思い入れがあるにちがいない。私は本を読むときには、カバージャケットや帯が破れてしまわないように読むときはあらかじめ剝がし、読み終わってからふたたび巻き直すようにしている。

1-8. けっきょく、どのデバイスでどう読むのか

読書は極私的な行為であるから、私が上で述べてきたことを他の読者にまで一般化する意図はさらさらない。その上で、本として流通しているさまざまなデバイス——紙の本や電子本——をどのように読むのかについて、私の実践を最後に記しておこう。

私の読書の基本は紙の本である。必要に応じて電子本を利用することはもちろんあるし、とても重宝している。ただ、電子本を買うときには、同時に紙の本も買う必要があるのではないかとつねづね感じている。その理由は、とくに和書の場合、原本（紙の本）のページ数やページ番号が電子化に際して省略され

てしまうことが多いからだ。しかし、ある電子本を参考文献として参照するとき、紙の本での「何ページ目」の文章や内容を指しているのかが指定できないのは致命的な欠点だ。

同じ電子本でも、ｐｄｆのようにページ番号まで含めて本文組版が完全固定される電子本だと上の問題はまったく生じない。一方、たとえば Kindle 本のような「リフロー型」の電子本では、使用デバイスごとに表示フォントの大きさを読者が自由に選べる仕様になっているので、もともとページ数やページ番号の概念そのものがない。したがって、ページ情報を含むようにつくられた電子本でないかぎり、紙の本も同時に手元に置かないと参考文献として利用できないことになる。要するに、電子本と紙の本は迷わず両方買うべし。

洋書の場合には、紙の本でもハードカバー版かペーパーバック版かという選択肢がある。出版社にもよるが、ハードカバー版とペーパーバック版は同時に刊行されることもあれば、ペーパーバック版の方が出版が遅いこともある。ハードカバー版は図書館向け、ペーパーバック版は個人読者向けと聞いたことがある。そのせいか、ペーパーバック版の価格設定はたいていハードカバー版の半額から１／３という廉価に抑えられている。

ハードカバー版とペーパーバック版の両方が選べるとき、私はできるかぎりハードカバー版を入手するようにしている。ペーパーバック版は確かに安価という利点はあるのだが、耐久性にいささか難がある。出版社によっては長年使用しても造本が崩れない堅牢な装幀であることもあるが、たいていは〝背〟の糊づけが劣化してばらばらになってしまうこともまれではない。私が参考資料として利用する本はたいてい数十年にわたって使い続けるので、それを考慮するとハードカバー版に軍配が上がる。

新刊本については上の行動指針でいいのだが、古書に関してはそれほど〝自由度〟は高くない。すでに絶版になっていたり、出版社そのものが消え失せていたりすることがほとんどだから、古書流通ルートでたまたま運よく出会ったその一冊（トークン）を入手するわけだ。もちろん、古書であっても探せばどこかのウェブサイトで電子化公開されている可能性もある。しかし、上述したように〝フィジカル・アンカー〟との対応関係の問題があるので、電子化されているからといって油断してはいけない。

古書販売カタログやウェブサイトからの情報を事前にしっかり見極めた上で発注するが、ときにはほしかった本とはちがう本が届いてしまうこともある。これは古書店側の責任ではなく、ひとえに発注者である私の予想が外れただけのことだ。私がよく遭遇するのは「版」あるいは「刷」がちがっていたために、求める資料文献ではなかったという事例だ。初版と改訂版とでは当然その内容のちがいがあるので、自分が求める本がどれなのかを絞りこんだ上で撃たなかったために、みごとな〝誤射〟をしでかしてしまうことがあった。

そんな経験がこれまで少なからずあるので、私は自著の文献リストを作成するときは、できるだけ詳細な書誌情報を含めるように心がけている。それは第一義的には自分のためであって、後に参照するときまちがいなく標的本にたどりつくのに必要となるからだ。もうひとつは、私のつくった文献リストを見て該当本を探そうと思い立った読者が残念な〝誤射〟によって時間と気力をすり減らさないための配慮である。私だってごくたまには結果的に利他的なこともする。

本文のテクスト情報だけにかぎれば、紙の本と電子本では上述したように一長一短がある。しかし、テクスト以外の情報――すなわち図版などのパラテクスト情報（第3楽章4-5～4-6節）――に目を向けると、紙の本のひとり勝ちであって、電子本はその後塵を拝するしかない。たとえば、ある著作を執筆する際に別の文献に掲載されている図版を転載する必要が生じたとしよう。著作権がらみの事務手続きがつつがなくすんだとしても、その図版そのものは原典である紙の本からダイレクトに高精細スキャンする必要が出てくる。いい加減に電子化された文献は、本文テクストはまだしも、図版や写真に関しては印刷物として使い物にならない品質であることが多いからだ。とくに、古書については電子本が利用できるからといって油断していると足元をすくわれることが実際にある。万難を排して紙の本を手元に置く努力はきっと報われるだろう。蒐書家に幸あれ。

いずれにしても、私が本に求めるもっとも重要な点は「それが資料として使えるかどうか」だ。この基準はこの楽章で述べてきた「本を読む」ときだけにとどまらず、本書の続く楽章でも繰り返し強調されるだろう。

インタールード（1）「棲む」――〝辺境〟に生きる日々の生活

1. ローカルに生きる孤独な研究者の人生行路

私が農林水産省の選考採用に合格して、4年半に及ぶ無給の〝オーバードクター〟生活に終止符を打ち、つくば市観音台にある農業環境技術研究所（農環研――現・農業環境変動研究センター）に赴任したのは、1989年10月2日（月）のことだった。似合わないスーツで農環研に初出勤し、所長室で辞令を手にした後、5階の555号室に向かった。私の配属先は環境管理部計測情報科調査計画研究室で、今日からの仕事場になることが決まっていた。

やや緊張しながら研究室のドアを開けたところ……誰もいない。マジですか……。部屋をまちがえたか、といささか動転していたら、隣室からパート事務員の谷中田さんが顔を出し、「いま鵜飼さんも大澤さんも育種学会大会に出張中で不在なんですよ」とのことだった。そう、私の配属先の室長はそれまで会ったことさえ記憶にない鵜飼保雄さんだった。そして、鵜飼室長とともに学振特別研究員の大澤良さん（現・筑波大学生命環境系教授）と同室になることもそのとき知った。当時の選考採用は書類審査と面接試験だったが、面接は霞が関の本省で行われたので、つくばに行くことはなかった。

インターネットがまだなかった時代だったので、お二人の風貌とか業績を事前に知るすべはまったくなかった。鵜飼さんと大澤さんとの初対面は数日後のことになる。鵜飼室長が選考採用者に求めたのはオオムギ種子の画像解析ができる研究員だったそうだ。確かに私は大学院で幾何学的形態測定学をテーマにして修士論文（1982年）を書いたので、運よく〝一本釣り〟されたのかもしれない。いずれにせよ私が給料がもらえる身分になれたのはひとえに鵜飼室長のおかげだ。その点についてはひたすら感謝するしかない。

私の机は鵜飼室長の隣だったので、調査計画研究室でどのような研究が進められているのかについてじかに教えてもらいながら、オオムギ画像の解析に取り組んだ。鵜飼室長の当時の研究テーマは遺伝子連鎖地図プログラム（MAPL）の開発が中心で、大澤さんとともに夜遅くまで仕事をされていたことを記憶している。集団遺伝学の論議もティータイムにはいろいろ交わされていたが、私はといえば初めて使う画像解析装置の操作と分析技術の習得に格闘する日々が続いた。

秋晴れの圃場でいっせいにオオムギの播種作業をしたり、早春の麦畑で揚雲雀《あげひばり》のさえずりを聞きながらオオムギの交配実験をした経験は今となっては懐かしいかぎりだ。しかしホンネを言えば、確かに圃場作業はいい経験にはなったが、私個人に向いている仕事とはいえなかった。あるとき大澤さんに「ミナカさん、圃場のまんなかで〝自分はここで何をやっているんだろう〟とか考えてませんでしたか?」と図星の指摘をされたことがあった。後に鵜飼室長と大澤さんが研究室からいなくなったあと、ほどなく私が圃場を使った試験研究からすっかり足を洗ったのは当然の成り行きだった。

当時の計測情報科は情報処理やリモートセンシングの研究室があって、調査計画研究室が進めている集団遺伝学とか画像解析はいささか〝異端的〟な研究テーマだったかもしれない。鵜飼室長は農環研の前は茨城県北部の常陸大宮にある放射線育種場に長く勤務されていた。あるとき、彼に「どうして農環研に来られたのですか?」と訊いたところ、「オオムギ育種試験をしたくて九州農業試験場［現在・農研機構九州沖縄農業研究センター（熊本県合志市）］に異動願を出したら、どういうわけか農環研に回されてしまって」とのことだった。

わが調査計画研究室は農水省研究機関の系譜でいえば、昔、東京都北区西ヶ原にあった農業技術研究所の物理統計部で畑村又好・奥野忠一という大先達が率いた統計研究室と試験設計研究室の末裔に当たる。つまり、農業研究の統計分析を推進することが内外から強く求められていた。鵜飼室長も調査計画研究室に異動してきてからは「他のことはそっちのけで必死で統計学の勉強をしました」と本人から聞いた。調査計画研究室が毎年冬に主宰していた大きなイベントが「数理統計短期集合研修」だった。国立の農業研究機関と都道府県の農業試験場に分けて、それぞれ2週間ずつの日程で基礎編と応用編の統計研修をするというハードな伝統は畑村・奥野の時代から続くものだ。鵜飼室長は研修講師の手配から全体カリキュラムの策定まで、バックヤードでの細々とした準備作業をこなしていた。

私が調査計画研究室に配属されてまだ日が浅かったある日のこと、鵜飼室長がおもむろに「ミナカさん、この研究室では統計研修の講師をすることがデューティーになっています」ときっぱり言い渡され、有無を言わさず年明け早々の1990年1月に開催された国の数理統計研修で「クラスター分析等数値分類法」という講義を担当することになった。それが私にとってその後30年にわたって途切れることなく現在まで続く「統計高座」の最初になるとは当時は夢にも思っていなかった。右も左も分からない私を高座に送り出した鵜飼室長は将来が透視できたのだろうか。

今ではもうなくなってしまった職場文化だが、かつての計測情報科では年に一度の親睦旅行を欠かさず行っていた。1991年9月末に榛名湖から伊香保温泉への親睦旅行が挙行されたときにはすでに鵜飼室長が東京大学に異動することは決まっていて、翌月末には送別会を催した。鵜飼さんが東大に赴任されたのは11月1日付けだったと記憶している。さらに翌々年には大澤さんも北陸農業試験場［現・農研機構中央農業研究センター北陸研究拠点（新潟県上越市）］への就職が決まり、調査計画研究室のひとつの時代は終わりを告げた。

鵜飼室長が残した〝名言録〟は私の記憶に刻まれている。あるとき「ミナカさん、農水省の研究員は個人としての〝ライフワーク〟をもってはいけないんです」と言われた。つまり、公的に決められた〝研究業務〟を果たすことが国研研究員の本務であって、それ以外には何もないはずだと。しかし、同時に、「自分の研究がどこかで農業とつながっているという意識さえあれば何をしてもいいんです」「研究上のアウトプットがあればこわいものなしです」とも言い添えた。鵜飼室長は計測情報科としては異端の研究テーマを貫いたが、彼なりの〝ライフワーク〟に邁進することで研究者人生の筋を通した。

私自身はその後は研究テーマが大きく変わり、農環研のなかではさらに〝異端〟な仕事をし続けて現在にいたっている。農水省の研究者のほとんどはキャリア形成の過程で異動するものだが、私にかぎっては例外的にいっさいの職場の異動も居室の引っ越しも経験せず、30年以上にわたって「5階の555号室」に現在も居続けている。もちろん組織や研究室の名称はくるくる変遷し、今はもっと若い室員が在籍してはいるが、鵜飼室長や大澤さんがかつて議論していた部屋はそのまま残っている。窓越しに遠くまで見渡せる農林団地の風景を毎朝眺めるたびにかつての記憶が呼び戻される。その鵜飼さんは２０１９年の晩秋に逝去されてしまった。

上に述べた私の経歴（三中 2020a, b 参照）は研究者という職業がどんなキャリアなのかを示すひとつの例に過ぎない。世の中にはさまざまな学問領域があり、それらを担う科学者や研究者たちがたどる人生の道筋もまたかぎりなく多様だ。誰もが自分だけの研究者人生を歩んでいる。私の人生行路もその例外ではない。研究に生きることがはたして幸せなのか不幸なのか、科学者の人生の浮き沈みとは何なのか、そして自分の人生はこれでよかったのかをじっくり考える間もなく時間だけがさらさらと流れて去っていく。

ある年の忘年会で同僚たちと交わした研究人生談義を私は忘れることができない（三中 2016d）。そのときの参加者は私以上の年長者組と30歳台ポスドク組に世代分離していたので自然とそういう話の流れになった。そもそもの議論のきっかけは、若手研究者の「テニュアトラック上のポスドクであっても〝不安〟からは逃れられない」という悩みだった。彼が言うには「テニュアトラックの5年間の業績がいったいどのように評価されるかわからない」ので不安を覚えるとのことだ。若手の任期付き研究員やポスドクはその意味で〈不安の世代〉だと言い切る。しっかり研究してそのアウトプットを出していれば問題ないだろうと私が返答してもやはり不安はぬぐいきれないという。とくに、農研機構のような大きな独法研究所の場合、組織再編に伴う研究体制の合併や再編が大規模かつ頻繁にある（その点で大学よりもころころ変わる）。彼が言うには、研究環境ががらっと変わったときに、自分のしている仕事を評価する側の視点もまた変わってしまうのではないか、そのときにはどう対応していけばいいのかと。

彼の悩みに対して、私はこう答えた。

「われわれのような所内的に〝マイナー〟な研究領域——統計モデリング分野のこと——では、どうせ所内的な評価は上っ面だけなんだから、そういう皮相な評価者による評定を気にしすぎて、自分の研究をその評価基準に〝むりやりすり合わせる（over-fitting）〟のは戦略的にきわめてまずいだろう。第一、研究組織が変わったりして評価者が異動・退職してしまえば、あるいは所属機関の基本方針自体が変わってしまえば、そもそも無理をしてすり合わせるだけの価値はなくなってしまうだろう。新しい評価者や新しい基本方針が出現するたびに最初から〝すり合わせ〟をやり直すのはむなしいというしかない」

このとき、もうひとりの年長研究者がこう発言した。

——「所内での業績評価なんか気にしていたらダメになります。農水省の研究所はもともと悪しき意味での〝公務員〟的な空気が漂っているので、管理職や評価者の言うことに従っても将来は拓けません。もっと〝外〟に出ましょう。いったん〝外〟に出て広い人脈ネットワークをつくり、〝外〟の研究資金を取ってきた上で、独法の〝中〟で仕事をするように心がければこわいものは何もない。そうやってアウトプットをちゃんと出し続けている研究者は強い」

確かに、独法研究所的にマイナーな分野の研究者はマンパワーも乏しければ予算的にもきびしい。組織改編の際には最後まで〝着地点〟と身の振り方が決まらずやきもきすることが常である（今もそうだ）。また、周囲を見回したところで、研究者人生における〝ロール・モデル〟を身近に見つけることも簡単ではない。私が見るところ、マイナー分野の研究者がキャリア形成を〝しくじる〟ケースがあとを絶たないのは、当人の個人的資質や努力の欠如に主たる原因を帰するわけには必ずしもいかないだろう。ただ、研究者人生のなかでのそういう〝逆境〟を何度か乗り切れば、そして不運にも〝淘汰〟されなければ、その先の研究者人生を生きていくすべは身に付くかもしれない。そのとき、研究者人生の孤独は、他人に哀れまれる〝逆境〟などではなく、むしろ個人の適性に裏打ちされた〝戦略〟を遂行する基地とみなせばいいのではないか。

所属する研究組織に対して無理してまで自分をすり合わせるなという警句は、私的にはもっとも重要なそして長年守ってきたモットーだ。いろいろな外圧（政治的・戦略的・経済的）によって独法研究所の組織は変わってきたしこれからも変わっていくだろうが、〝中〟にいる研究者がそのつど右往左往しても疲弊するだけだ。所内的にマイナー分野の研究者は、独法研究所の〝中〟でむなしくじたばたするよりも、〝外〟で「出る杭」「出過ぎた杭」になるのが研究者戦略的には勝機があるかもしれない。〝中〟にいるまま「杭を出す」と組織的にはいろいろめんどうくさいことになりかねないが、〝中〟での存在感を消して〝外〟で暗躍すればまったく問題ないだろう（三中 2017d）。

研究組織や管理職や評価者はけっしていつも自分のためを考えてくれるとはかぎらない。独法研究所に在籍する研究者は世代を問わずもっとしぶとくしたたかになった方が身のためだと私は強く思う。

2. 限界集落アカデミアの残照に染まる時代に

科学者や研究者が生きている現代はとにかく世知辛いことこの上ない。私のように、農研機構という大所帯の研究機関に属している一介の研究員には、いったいここが将来どういうふうに変貌しようとしているのか（変貌したいのか）がぜんぜん見えないことがよくある。〝雲の上〟の方では何やらやっているようだが、下々から見れば〝夢物語〟のような〝御神託〟しか漏れ聞こえてこない。過去に繰り返された組織改編でも似たような状況だったが、われわれがいろいろ意見を出したり、案をつくったりしても、〝雲の上〟から降ってくる鶴の一声で卓袱台返しされるようでは、誰もが「ああ、またか……」と深い溜め息をつき、諦めの空気が濃厚に漂う。そのうち、あまり深くコミットしてもしかたがないという世渡りの智慧を誰もが身に付けてしまった。

長期的な視点で身のまわりの研究環境の押しとどめようのない劣化（研究資金・物的資源・マンパワー）を見続けていると、かなり切実に研究組織あるいは研究者コミュニティー（学会も含めて）が〝限界集落化〟する危険がひたひたと忍び寄っている（三中 2012a, b）。国立大学もそうだろうが、独法研究所も研究員の平均年齢は着実に上がっている。若手ポストがほぼすべて任期付きなのはどこもそうなのだろう。問題は年長世代の任期なし研究員が担うべき仕事がうまく回らなくなっているという意味での限界集落化だ。単純なことで、10人の研究員が8人になることと、もともと3人が1人に減らされるのでは、たとえ減り分が等しくても影響は後者の方がはるかに深刻だ。

限界集落の発生は研究機関としての全体規模の大きさとはまったく関係ない。たとえ何千人もの研究者を抱える巨大機関であっても、ローカルには限界集落はいつでも発生する可能性がある。研究者の限界集落のなかでどのようにサバイバルしていくか。とりわけ、マイナーな研究分野は単に何かの偶然で限界集落化しやすいので他人事ではない。学問分野や研究機関によってちがいはあるだろうが、「研究してデータ取って論文書いて」という研究者としての人生を阻む周辺的な雑事が年々増えてくる。

いつだったか、研究所の所内会議で、公費購入雑誌の今年度削減案についての報告があった（毎年減らされているので）。事前に職員にはアンケート調査（という名の〝ガス抜き〟）があるので激昂するようなことではもはやない。それでも研究上「ないと困る」雑誌が切られるのは切実だ。ずっと続いている購入雑誌の削減傾向は今後も変わらないだろう。その先には何がくるのか。公費購入雑誌はそのうちゼロになり、必要な論文は研究員個人が個別に公費で「物品購入」（ペイ・パー・ビュー）するようになるのではないか。それが非現実的とは言い切れないほど大学や研究機関は追いこまれている。

研究所の図書室が公費購入している雑誌だけの問題ではない。私のいる研究室でも公費購入雑誌が数誌あるが、年々上がっていく法人価格での年間購読料は研究交付金の財政圧迫の大きな要因となってきている。講読をそろそろやめようかとも思っている。しかし、私の研究室で購入しなくなると、オンライン雑誌のバンドル契約でとても困ることになると、図書室から頼みこまれて購読し続けているジャーナルがあったのも事実だ。いずれにしろ、そろそろ一研究室では支えきれなくなってきた。

お金のことだけ言えば、雑誌を法人契約ではなく個人契約にすれば購読料ははるかに安くなる。これは学会誌でも同じことだ。極端なことを言えば、専門誌は研究室単位での公費購入を全部やめて、研究者が私費での個人購入をした方が大局的には「安上がり」なこともあるにちがいない。ただ、学術誌（専門書もそうだが）について、公費購入から私費購入への移行をお金の点からのみ判断して突っ走ってもいいのかという問題は残る。紙の本から電子本へと軸足を移しつつある研究所の図書室が公費購入から手を引いたら、その存在意義はまったくなくなるだろう。公的機関のライブラリーは「図書」というそれぞれ独自の継承資産が価値というか存在意義そのものだろうと私は考える。それをいったん手放したら、端的に言えば「ライブラリーはなくてもいい」ということになりはしないか。私の場合は、かなり前から、研究上必要なジャーナルと書籍はすべて私費購入しているので、研究機関のライブラリーへの依存度は相対的に低いかもしれない。それでも、職場の図書室が年々やせ細っていくのを見るのは忍びない。

マイナーな非典型研究分野が組織のなかで限界集落化していくという新たな事態を迎えるとき、単に図書資源にとどまらず、もっと広範かつ根本的なリスクが高まりつつあることを感じる。学問分野はもともと〝生きもの〟なので、その分野の栄枯盛衰があるのは世の必定であることはわかっている。しかし、昨今の過酷な「選択と集中」の研究淘汰圧は、その分野での研究内容とか意義とか将来性などとはまったく別次元で、研究者コミュニティーの限界集落をまるごと〝悲運多数死（decimation）〟――スティーヴン・ジェイ・グールドの名著『ワンダフル・ライフ』に登場する言葉（Gould 1989, p. 47：訳書、p. 62）――に追いこむ結末が危惧される。それは研究者の責任だと言うのは酷だろう。にもかかわらず、かぎられた研究リソースをめぐる生々しいパワーポリティクスを前にして、残された道は潔く退場するかどこかに立ち去るしかないのかもしれない。

大学や研究機関に余裕があった時代は、研究環境にも「フトコロの深さ」や「大きなのりしろ」があったが、今ではそういう〝遊び〟の部分がどんどん削られている。すべて白日のもとにさらされて、炎天下なのに逃げ場がない状態と言うべきだろうか。

学会にも限界集落化の大波は容赦なく押し寄せる。小さくても大きくても、学会であるかぎり、中心的に動く誰かがその負担を担わざるを得ないので、高齢化による限界集落化に追いこまれている学会ほどこれから苦しくなっていくだろう。増えすぎた学会を減らすことは、今の学会関係者ならば誰もが一度は考えることである。複数の関連学会による合同年次大会はそういう必要性から実施されているのだろう。さらに進めて、学会員が大きく重複している学会群はいっそひとつにすればいい。学会員にとっては学会費の負担軽減と大会の日程調整が格段に楽になるだろう。もちろん、学会を支えている層にとっての根本的な救済策になることは言うまでもない。

新しい学会が生まれるときは鳴り物入りで宣伝されるが、学会を立ち上げた創始者（発起人）たち自身は、〝生きもの〟としての学会が老化したり死ぬことはまったく想定してはいないはずだ。その「負の遺産」を継承するのは次世代の学会中枢を担う研究者たちにほかならない。学会の実務的な仕事は片手間にはできないので、学会の合併はいい傾向だ。ただし、学会長ポストをどうするかという問題が実はもっともやっかいな案件だったりする。いったん分かれた学会を統合するにあたっては、学会を分けた当事者たちがこの世からいなくなるか、あるいは現役を引退したあとに進めるしかないのかもしれない。

研究者たちは雲や霞を食べて生きる不老不死の仙人ではない。等身大の科学者は生身の人間である。

3. マイナーな研究分野を突き進む覚悟と諦観

この本は「本の本」なのだからほんとうは本のことばかり書くのが本務であるはずだ。しかし、読者である私たちは窮屈な社会情勢に翻弄されながら日々の生活を送り、自由に本を読みたくても〝諸般の事情で〟というか〝フトコロの事情で〟なかなか読めなくなってきた。実際、大学・研究機関で購入している学術雑誌の〝査定〟が年々きびしくなっている。もちろん、アカデミアの出版を牛耳る寡占大手出版社たちが年々購読料を上げていることと、大学・研究機関の図書予算が減っていることの相乗作用がその原因だ。ここでもまた典型的研究分野のジャーナルは安泰だが、マイナーな非典型的研究分野は風前の灯だ。私のいる農環研の場合、次年度の公費購入雑誌を選定する際の基準は「購入費」・「利用者数」・「他機関所蔵状況」。とくに、利用されないジャーナルは無慈悲なほど切り捨てられる。非典型的分野の場合、もともと利用者数が少ないので〝数の勝負〟に出られるととうてい勝ち目はない。

私の表看板である「統計学」分野の専門誌は以前の農環研ならば広範に購入されてきた。しかし、近年では雑誌購入の可否を決める図書利用アンケートにちゃんと答えないと（うっかり忘れると）、無慈悲にも購入中止になるケースが出てきた。まさに少数派の悲哀である。雑誌によって年間購読料には大きな差異がある。高い雑誌は電子雑誌を機関購読すれば、かなりの経費節約になると思うが、典型的研究分野の場合は必ずしもそうなっていない。複数の部署が値段の高い雑誌を重複して購読契約している。その一方で、〝ロングテール〟の端の端に位置する非典型的分野の専門誌ほど、読まれる頻度が低いとの理由で購読中止の憂き目を見るリスクが高くなる。たとえ購読中止にしたからといって金額的にはたいして節約にならないにもかかわらずだ。

非典型的研究分野の場合、購読雑誌にかぎらず、単行本も含めて研究に関わる「ライブラリー」をどのように構築して存続させるかは根本的解決がとても難しい。非典型的分野の場合、一研究室どころか一研究者が看板を背負っている〝個人営業〟が少なくない（私もそういう〝個人営業主〟のひとりだろう）。公費購入で雑誌や図書を購入したとしても、その研究者が異動や退職でそこからいなくなれば、当該研究室や研究所にとって残されたライブラリーは〝無用の長物〟とみなされる危険性が高い。たくさんの研究者が参集するメジャーな典型的分野の場合はそういうことはない。研究テーマが近い研究者が他にもたくさんいるわけだから、いなくなった研究者のライブラリーは有効活用され、運がよければさらに存続し成長するだろう。

非典型的研究分野の「用済み」の烙印を押されたライブラリーがその後にたどる運命は、農環研では（農林団地の他の独法も同じだろうが）切ないほどはっきりしている。まずは、各研究室から独法図書室へ移管され、いつの間にか同じ農林団地でも離れたところにある農林水産技術会議事務局筑波産学連携支援センターの図書館書庫へ移される。ユーザーにとっての資料アクセスはもちろん悪くなるが、これはまだましだ。もっと不幸な場合は、研究室から図書室に移管された後に一括して〝除籍〟あるいは〝廃棄〟されてしまう悲運多数死の運命が待ち受けている。かつて、農環研にはドイツ語やロシア語の確率論や統計学のジャーナルが購入されていた。しかし、第二外国語（非英語）を読む研究者がほとんどいなくなって、それらはまたたく間に〝不良債権〟と化してしまい、あげくに一括廃棄された。

こういう世知辛い状況を考えると、非典型的研究分野に身を置く私のような研究者は、たとえ私費を投入してでも、仕事に必要なライブラリー構築に日々励む宿命を背負っているというしかない（ほかに選択肢はないから）。私費購入本は、金額的にはけっして自由にならないが（農研機構では〝金のなる木〟はまだ育種されていない）、その取り扱いは最大限に自由である。一方、公費購入本は必然的に研究機関のヒモがつくので（図書館の所蔵印が押されたり、データベースに登録されたり、機関の資産にカウントされたり）、ユーザーである研究者が異動・退職してもいっしょには動かせない。その結果、誰にとっても不幸な結末しか待っていない。

要するに、非典型的研究分野は「研究組織」「人的資源」「研究資金」「ライブラリー」などなどさまざまな場面でたえず試練が科されるということだ。まことに憂き世である。

第2楽章

「打つ」

——息を吸えば吐くように

2-1．はじめに――書評を打ち続けて幾星霜

私は大学の学部卒業以来の全〝アウトプット〟を記録に残している。ここでいう〝アウトプット〟とは文字として書いた著書・論文・記事・講演などがいつどこで公開されたか（途中で挫折した項目も含まれている）の項目リストだ。現時点（2021年2月12日）でテキストファイル（「全出力.txt」）にして272KBのサイズになり、実質的な項目数は1300に達している。今から30年近く前の1993年5月10日にふと思い立ってこの「全出力リスト」をつくり始め、現在にいたるまで連綿と続いている。こういう自己活動記録をつくるときに絶対やってはいけないことは「記録項目を選択すること」だ。記録するしないをいったん選別し始めると、必ず漏れ落ちが出てくるからだ。鉄則は「無差別にすべてを記載すること」で、どんな細かいことでも他者から見て些細な項目でも記録し尽くすことを旨とする。

私の「全出力リスト」の冒頭に掲げたのは、「何を研究活動の「生産物」とみなすかについては意見が分かれるところですが、ここでは川那部浩哉氏の意見と実践にしたがい、裾野を広くひたすら網羅すること」というモットーだった。当時、京都大学生態学研究センター長だった川那部浩哉は、京都大学生態学研究センター業績目録の冒頭で、自らのアウトプットは無差別にリストアップすると宣言した（川那部 1992a, p. 2）。そして、実際、自らの〝業績目録〟として論文や著書はもちろん新聞記事や広報誌にいたるまで無差別にありとあらゆる項目を公開した（川那部 1992b, pp. 23-47）。同僚だった甲山隆司（1993,

p. 32）はこの川那部の「方針」は無節操であるときびしく指弾したが、川那部のこだわりは一貫して変わらなかった（川那部 1993, p. 1）。

いささか逆説的だが、「選ぶ」ためには基準さえ与えれば悩まなくてすむが、「選ばない」ためには確固たる決意が必要だ。ほんの些細な出力まで記録し続けることにいささかも疑念をもってはならないからだ。しかし、自分の研究活動でいつ何が出力されたかをもれなく記録しておくと、少なくとも自分にとってのかけがえのない備忘録として役立つことはまちがいない。

私の「全出力.txt」の凡例の最後には「最後に、この全出力リストの作成からもっとも利益を受けているのは、その作成者自身にほかならない」と記されている。最初から私はまったく利己的な動機でこのリスト化を始めた。記録に意義があるから長続きしたのではない。逆に、長年ただひたすら記録し続けてきたからこそ意義が生まれたと私は考えている。

その全出力リストには、私がこれまで書いてきた書評ももちろんすべて記録されている。いま検索してみると、私の書評総数はすでに350本を超えている。飽きもせずよくもこれだけ打ち続けたものだ。ざっと振り返ってみると、大学院を出た1985年以降の数年間は、『昆虫分類学若手懇談会ニュース』（昆虫分類学若手懇談会機関誌）や『*Shinka*』（進化学研究会会報）などに書評をいくつか書いていたが、

1994年に進化生物学メーリングリストEVOLVEを開設してからは、書評をメーリングリストに投稿する頻度が増えた。それとともに、岩波書店の『科学』や『生物科学』、朝日新聞社『科学朝日』、裳華房の『遺伝』など自然科学系の一般誌にも書評を投稿する回数も増えた。

私は幼い頃から文学や小説をまじめに読む習慣がまったくなかったので、読書傾向からして上述のメディアに書評を掲載するようになったのは必然の流れだった。書評とはいえ、読者のための紹介ではなく、自分のための読書備忘メモとして書き綴った記事ばかりなので（昔も今も変わらない姿勢）、はたして読者にとって役立ったのかどうかはさだかではない。

さて21世紀に入ると、書評を書くペースが一段と上がった。レイチェル・カーソン『失われた森――レイチェル・カーソン遺稿集』（カーソン2000）の書評をしんぶん赤旗（日本共産党中央委員会）に出したのは2000年夏のことだった。これが私にとっての最初の新聞書評となる。同じ年、私はオンライン書店bk1のブック・ナビゲーターとして、サイエンスライターの森山和道さんのもとで、定期的に書評を書くことになった。森山さんが抜けたあともこの仕事は続き、2005年までのつごう5年間に全部で129件の書評をbk1に投稿した。何冊かはもちろん原稿料をもらって仕事として書評を書いたが、残りの多くはお金に関係なく自発的に書いたbk1投稿書評だった。

2005年に入り、書評サイト〈leeswijzer〉を自分で開設した（三中2005-現在）のと入れ替わりに、bk1への書評投稿はまったくしなくなった。その後、bk1は経営統合されて現在ではオンライン書店hontoと名前が変わっているが、私がbk1時代に寄稿した昔の書評はそのまま残っているようだ。メーリングリストEVOLVEへの書評投稿は世紀をまたいで連綿と続いていたのだが、2003年からは『生物科学』誌に「〝みなか〟の書評ワールド」という書評コーナーを設けていただき、EVOLVEへの投稿書評のうちめぼしいものが編集部でセレクトされて掲載されるようになった。このコーナーは2006年まで計3巻12号にわたって続き、数十冊の書評記事が掲載された。

思い起こせば、ミレニアムの替わり目に数多くのネット書評を半定期的に書いていたことが、私にとってはその後の書評者となるための修業時代だったのかもしれない。印刷媒体への書評寄稿も途切れることなく、『科学』『生物科学』『遺伝』『日経サイエンス』『蛋白質核酸酵素』など〝理系〟の雑誌を中心に書評を出し続け、2009年からは時事通信社を介しての新聞書評記事の配信も始まった。日本経済新聞や図書新聞へ書評を出すこともあった。

2019年1月から翌2020年12月までは読売新聞読書委員（任期2年）を務めることになった（三中2020d）。実質的な委員会形式で掲載書評を決めるのは、現在では読売新聞と朝日新聞だけと聞いている（日本の新聞書評体制の変遷については井出2012参照）。新聞書評は、そのフォーマットの制約の強さもさることながら、洪水のごとく押し寄せる新刊の大波をかいくぐって、これはという注目本を目ざとく見つける任務を背負う。かつてないほどの高密度で新刊を読み、書評を寄稿する日々が休みなく続いた。

2019年末に読売新聞読書委員会の慰労会が都内で催された際、私は高知出張中で欠席したので、次の代読メッセージを席上読み上げてもらった。

今宵の読書委員会慰労会には万難を排して参加したかったのですが、折悪しく高知県農業技術センターでの統計研修講師というオモテの仕事が舞い込み、遠路はるばる四国への巡業のため欠席ということになってしまいました。読書委員のみなさんにはこの代読メッセージで失礼させていただきます。

読書委員初年度の感想は〝駆け抜けた一年間〟の一言に尽きます。私は書評を書く仕事をこれまで長く続けてきて、今はなきオンライン書店〈ｂｋ１〉のブックナビゲーターをはじめ、新聞や雑誌など各メディアへの書評寄稿経験は少なくないと自負していました。

しかし、読売新聞読書委員会は〝別格〟でした。隔週開催の読書委員会で並べられる新刊の海を溺死せずに泳ぎきり、選んだ本を2週間後の次回読書委員会までに読んでセレクトし、〆切前に書評記事をちゃんと書き上げるというのはかなり厳しい〝トライアスロン〟競技と言うしかありません。しかも、どういうわけだか、私のもとには重量級の分厚い本が引き寄せられる傾向が強く、読書力を強烈に鍛え上げられたようにも感じます。

同時に、書評委員各氏の〝目利き〟ぶりには学ぶところがとても多く、研ぎ澄まされた選書眼がピックアップした新刊本の委員コメントを聴くだけでも毎回の読書委員会に欠かさず出席した甲斐がありました。

読書委員としての任期を終えられるみなさんはたいへんお疲れさまでした。追いまくられる読書競技からの解放を心よりお祝いいたします。また、来期も読書委員をされるみなさん、引き続きよろしくお願いいたします。途中棄権することなく最後まで走り続けましょう。最後に、読売新聞文化部の読書委員会担当のみなさんにも深くお礼いたします。

この慰労会が開かれているちょうど同じ時間帯に、私は南国土佐の懇親会で皿鉢《さわち》料理の大皿を制覇しているところでしょう。大手町のみなさんも存分に宴の夜を楽しんでください。

2019年12月10日（火）　三中信宏

「息を吸えば吐くように、本を読めば書評を打つ」——私はふだんからこのモットーを遵守してきた。それにしても書評の道ははてしない。浜の真砂は尽きるとも世に書評のネタは尽きまじ。因果な稼業に手を染めてしまったものだ。

2-2．書評ワールドの多様性とその保全——豊崎由美『ニッポンの書評』を読んで

長年、自分で書評を書き続けていると、日本の書評文化のさまざまな特徴が感じ取れる。まず第一に、日本では〝理系の本〟を書評する人が圧倒的に少ない。この印象は読売新聞の読書委員をするようになってからさらに強化された。新聞や雑誌の紙面書評でも、あるいはブログなどで公開されるネット書評でも、概して〝理系の本〟の書評に出くわす機会はとても少ない。もちろん、短めの新刊紹介のような記事であれば目にする機会はまだある方だが、長めの本格的な書評となるとほとんど見当たらない。

伝統ある書評紙『図書新聞』の編集長を長く務めた井出彰はインタビュー集『書評紙と共に歩んだ五〇年』（井出 2012）のなかで、日本の書評文化についてこう批判している。

「いつの頃からか、新聞をはじめ、かなりの雑誌にも書評欄が設けられるようになった。たいていは五百字、六百字のものである。そして、これが書評だと思いこまれるようになってしまった。これらは書評ではなく紹介なのである。簡単に外観だけ、うわべを舐める程度に紹介するだけだ。これは、今日の日本文化の有り様と対応する。肝心の中身に分け入って論じられることはない。またそのスペースもない」(同上、p. 168)

長い書評を書く文化がもともと日本には根づいていないという問題点の指摘は確かにそのとおりだ。科学本については、さらに輪をかけてハードルが高くなり、文化的な背景とともに分析的に評論する書評記事になかなか出会えない。そういう科学書の書評を読もうとする意欲もまた読者層の間では乏しいように思われる。〝理系の本〟によくある〝横組み〟の本はなかなか新聞書評の対象になりにくいという傾向は気のせいでもなんでもなく確かにそのとおりのようだ。私がいつも書評ブログ(https://leeswijzer.hatenadiary.com/)に書いたりツイッター(https://twitter.com/leeswijzer)でつぶやいている備忘録のような〝理系本〟の書評メモでさえ、書評ワールド全体のなかではまだまだ少数派かもしれない。

世の中にはいろんなおもしろい本があることを知らしめるのが職業的書評家や在野の書評者の役割だと私は考える。できるだけ自分のホームグラウンドに近い〝理系の本〟たちを心して取り上げようとしてはいるのだが、いやなかなか多勢に無勢で力及ばずという現実はいかんともしがたい。しかし〝理系〟の研究者・執筆者・翻訳者は日本にも少なからずいるはずだ。それぞれが関心をもつ専門分野についてはそのおもしろさを熟知していて、門外漢よりもはるかに鋭い眼力なり心眼なりをもちあわせているはずだ。研究者向けの専門書であれ一般向けの啓蒙書であれ、それをクリティカルに見る目をもった人がもっと読後メモを兼ねた〝長い書評〟を社会に向けて公開してほしいと思う。

私は、書評をするということは、書かれたものに対して、自分の見解を重ね合わせた比較論評が基本だとずっと思いこんでいた。したがって、短い書評などは原理的にあり得ないわけで、日本のメディアによく見られるような「短評」とか「紹介」は本来の書評ではないし、そういうものを書評とみなしてはいけないのではないかと信じていた。本の内容に深く踏みこまない(分量的に踏みこめないというべきか)言葉足らずの文章が書評のような顔をして世間に通用するようでは書評文化も何もあったものではないと公言していた。

たとえば、10年ほど前に私のブログで公開した豊崎由美『ニッポンの書評』(豊崎 2011)の書評(三中 2011)をごらんいただきたい。

【豊崎由美2011。ニッポンの書評。光文社新書】

《書評ワールドの多様性とその保全について》

連休中の寝読み本の一冊。プロの書評者として活躍している著者が〝トヨザキ〟スタイルの「書評の極意」を伝授してくれる。これまで雑誌やネットでたくさんの書評を書いてきた私としてはぜひとも読まないわけにはいかない。

本書の本論は講義形式で進められる。しかしその前に、巻末のトツゲキ対談「ガラパゴス的ニッポンの書評——その来歴と行方」(pp. 181–227) をあらかじめ一読しておくと、書評に対する著者自身のスタンスといまの日本での書評が置かれている文脈が理解できる。今の日本における「書評ワールド」の考現学を論じるのが著者であるとしたら、対談者・大澤聡はそのような日本書評ワールドが形作られてきた来歴をさかのぼる考古学者の役回りである。内田魯庵や戸坂潤という名前が書評史とも関連づけられて登場するとは知らなかった。

世の中にはとても長い書評がある。かつて1859年にチャールズ・ダーウィンの『種の起源』がロンドンで出版され、大きな反響を呼んだ。その翌年、ダーウィンの宿敵リチャード・オーエンは匿名で『種の起源』の書評を*Edinburgh Review*誌の第111巻（1860）に掲載した（Anonymous 1860）。そのページ数たるや実に46ページにも及ぶ大書評論文だった。当時は、このような何十ページにも及ぶ長文の書評はけっしてめずらしくなかった。おそらく、本や雑誌の文章を読むスタイルが現在とはまったく異なっていたという文化的背景があるのだろうと推察している。

現在の読者が雑誌やネットで日々目にする書評（らしきものも含む）の形式は、歴史を背負った社会現象のひとつである。19世紀のイギリスにあったような、あるいは現在でも*New York Times Book Review*や*Times Literary Supplement*あるいは*Complete Review*に見られるような〝詳細にして徹底的〟な書評は、個人的にはとてもうらやましい文化的伝統だと思う。

現在の自然科学系の学術雑誌でも、ジャーナルの編集方針として長文の書評記事を掲載するものもある。たとえば、生物体系学の専門誌である*Cladistics*誌は刷上りで10～15ページもの長さの書評論文が載る（最近の書評では、たとえば：James S. Farris 2011. Systemic foundering. *Cladistics*, Volume 27, Issue 2, pages 207–221, April 2011 → DOI: 10.1111/j.1096-0031.2010.00331.x を挙げることができる）。このような書評論文の目的は、「読者のために」というよりは、むしろ「書評者のために」あるのだろう。このような好戦的な書評論文は、それを契機として新たな論争が勃発することも少なくない。

この本のおもしろさは、具体的な単行本（ほぼすべて小説のジャンル）を取り上げて、「良い書評／悪い書評」をあからさまに添削指導してくれるところにある（著者自身の書評文も俎上に乗る）。それとともに、プロの書評とアマチュア書評のちがい、アマゾンのカスタマーレビューその他ネット書評の陥穽、新聞書評の通信簿が次々と講義される。

書評に対する著者の基本スタンスは「読者のための読んでおもしろい書評」というスローガンに尽きる。確かに職業的な書評者としてのニッチを開拓するためには、文芸批評や評論とは異なる存在理由を求めなければならないのだろうと私は理解した。基本的に短い書評枠しか用意されていない日本の書評ワールドのなかで、著者はいかにしてそのスローガンを達成できるのか。本書を読み進むとともに読者はその「わざ」を垣間見るだろう。

実際、私が過去に担当したことのある依頼書評だと、たとえば日経サイエンス誌の書評欄は「17字×86行＝1462字」が本文字数の規定だし、bk1のブックナビゲーターをしていたときはひとつの書評は「800字」が上限だった。本書の著者の言うとおり、けっして十分なスペースが与えられるとはかぎらない日本の書評ワールドで、よりよい書評内容をいかにして読者に見せられるかは書評者としてつねに考えなければならない。その意味で、この新書は書評を読む側と書く側の双方にとって教えられる点が多い。

本書に登場する単行本はすべて文芸作品であり、その点で著者の主張は、自然科学や科学哲学分野の本を書評する機会が多い私自身の経験とはかなりズレているところもある。たとえば、著者は小説を書評する際の「ネタばらし」の問題に言及しているが、自然科学系の本ではそういうことはもともと生じようがない。著者とはちがって、私の基本路線は「自分のための書評」にある。読了した本の内容とそのインパクトを文章にまとめることは、他の読者のためではなく、ほかならない自分自身のためだから。そのようなスタンスで書いた文章が運よく誰かの役に立ったとしたら、それは文字通り「望外」の喜びということだ。私が雑誌やネットで書評を公開するときは昔も今もこのスタンスを守るようにしている。書評は利己的であるべきだというのが一貫した（職業的書評家ではない）私の信念だ。

さらに言うならば、同じ「書評」であっても、著者と私では書評ターゲットとして読んでいる本のタイプと書評の目的が根本的にちがっているのではないかと思える点がある。著者は書評のあるべき姿をこう述べている。

「わたしの考える書評は作品という大八車を後ろから押してやる〝応援〟の機能を果たすべき

ものです。自分が心から素晴らしいと思った本を、簡にして要を得た紹介と面白い読解によって、その本の存在をいまだ知らない読者へと手渡すことに書評の意味と意義があるんです」(p. 150)

確かに、書評のもつ上の意義には異論はないだろうし、そういう書評を私もできるだけ心がけるようにしている。その一方で、著者はこうも言う。

「問題は、取り上げた本を利用して己の思想を披瀝する輩です。つまり、相手の土俵に上がるのではなく、自分の土俵に書評対象の本を無理矢理引っ張り込み、相手が無抵抗なのをいいことに自分の得意技でうっちゃる、そういう蛮行をふるうタイプの書き手。私は、そんな輩を優れた書評家とは思いません」(pp. 164-165)

これは困ったなあ……。この「書評家倫理」に従うかぎり、私が日常的に読んでいる好戦的な書評論文は存在し得なくなり、リングサイドで観戦しているわれわれ研究者はその愉しみを奪われることになってしまうだろう。いい本を世に知らしめるという書評もあれば、ストリート・ファイトのような書評があってもかまわないのではないか。そもそも、専門書の場合、ある本がフルボッコになったとしても、著者自身あるいは支持者がそれを上回る反撃書評をぶつけてくることが学術系ジャーナルではよくある。それもまた、科学という行為のひとつの側面として私は楽しんでいるし、なくなってほしくない。

私のかぎられた経験では、書評は単にテキストとしての文章だけの問題ではない。ある本を書評しようとした時点で、さまざまな妨害や横槍が入ったりすることは皆無ではない。科学者の世界である本の書評をするということは、それを支持するにせよしないにせよ、研究者コミュニティの中で闘いを挑むことに等しい。「武器としての書評」という視点が私個人にとっては必要だ。著者は「トヨザキ書評ワールド」の中で、書評一般についての自らの考えを本書で一般に開陳した。それはよく理解できるのだが、同時に「トヨザキ的」ではない書評にも独自の存在価値があると私は考える。

書評の書き手と読み手はかならずしも単色ではない。書評に期待する役割もまた人によってちがっているだろう。書評ワールドの多様性は十分に保全されてほしい。

書評者　三中信宏（2011年5月5日公開）※3279字［一部修正］

上の書評を読めばすぐわかるように、当時の私は書評なるものは「長い」のが理想であって、ニッポンのよくある「短い」書評は最初からダメだという先入観をずっと持ち続けてきた。上の書評それ自体も3000字あまりもあって長い部類に入るだろう。長い書評にはそれなりのメリットがある。単に書評本の内容紹介だけにとどまることなく、著者の主張に対する書評者の応答を具体的かつ詳細に突き合わせることができるからだ。

私の場合、書評を書くことは読書行為の延長線上にある。第1楽章で述べたように、私は本を読むときにはさまざまな書きこみやメモを残すようにしている。本全体に散らばるそれらのメモ類をひとまとめに仕上げたものが私にとっての書評文だ。だから、たくさん書きこめば必然的に出力される書評は長くなってしまうが、まとまった量のコンテンツがあるので、あとで読み返したりあるいは再利用するときにはとても役に立つリソースとなる。きわめて利己的な書評の書き方だった。

10年後の今、上の書評文を読み返してみると、私の主張には明らかにある種の偏った書評観がもたらす〝誤爆〟が認められる。確かに、長大なコンテンツの書評記事には書評者の感想と見解を十全に述べるだけのスペースがある。だからといって、もっと短い書評にはまったく価値がないと言い切れるのか。「書評ワールドにはもっと多様性を」とシュプレヒコールをあげる一方で、逆に短い書評や紹介記事の存在意義をぜんぜん認めていないのではないか。

この点で私が考えを改めるようになったのは、自分自身に新聞書評という「短い」書評を書く機会が増えたからにほかならない。書評の多様性は確かにある。その多様性のスペクトラムの端から端までを見渡すにはいささかの年月がかかってしまったということだろう。次節でくわしく述べるように、書評を書くスタイルはいくつもあり、目的や制約によってそれらを使い分ける必要がある。

2-3. 書評のスタイルと事例

書評を書く機会が増えても、「そもそも書評とは何か?」とか「書評をどんなスタイルで書けばいいのか?」について学ぶ機会はなかなかない。私も長らくそうだった。前節で挙げた『ニッポンの書評』(豊崎 2011)はその穴を埋める本だったが、つい最近になって別のある書評論を手にすることになった――マイラ・カルヴァーニとアン・K・エドワーズ『踏み外さないための書評術(*The Slippery Art of Book Reviewing*)』(Calvani and Edwards 2008)。この本には、書評を書く上での陥りやすい罠の注意書きとともに、書評スタイルごとのコツと心得がまとめられていてとても役に立った。とりわけ、一言で「書評」とは言っても、スタイルによって内容も目的も異なることがわかりやすく説明されていた。

そこで、以下では、私の書評文を例に挙げながら、書評のスタイルによるちがいについて自分なりに説明することにしよう。

2-3-1. ブックレポート的な書評　山下清美他『ウェブログの心理学』

上掲書『踏み外さないための書評術』には書評者にとって教訓とすべき点が多々示されているが、そのなかでも書評を書くときにけっして忘れてはならないモットーとして、「とどのつまり、書評者の義務とは読者ファースト（the reader first）である」（Calvani and Edwards 2008, p. 37）と書かれている。著者らの忠告は確かにもっともではある。他者が読んでも理解できないような書評ではどうしようもないだろう。

一方、私はもともと〝利己的な読書〟の延長線上に〝利己的な書評〟を書くことを旨としてきた。自分のため（だけ）に書評を書くことは彼らの「読者ファースト」という精神に反する行為なのだろうか。しかし、少し考えればそこに深刻な問題はないことがわかる。私は書評者であると同時に読者でもあるからだ。したがって、私のモットーは「とどのつまり、書評者の義務とは〝自分ファースト〟である」と言い換えられることになるだろう。自分にとってもっとも誠実な書評を書くことが、ひょっとして他の読者にとっても何らかの役に立つとしたら、それほど喜ばしいことはないにちがいない。

〝自分ファースト〟の〝利己的な書評〟という点から言えば、「ブックレポート」的な書評は実際とても役に立っている。ここでいう「ブックレポート」とは「ある本全体のアウトライン」(Calvani and Edwards 2008, p. 77)を紹介することを指している。しかし、私はブックレポートもまた書評に含めてもいいだろうと考える。自分が読んだ本の内容の概略を簡潔にまとめておくことは〝利己的〟な効用があると考えるからだ。『踏み外さないための書評術』では厳密な意味での書評とここでいうブックレポートとは区別されている。著者らは書評とは客観的だが、ブックレポートは主観的でもかまわないと言う。また、小説などの〝ネタばらし〟は書評では御法度の禁忌だが、ブックレポートではそれに対しては寛容だと著者らは述べている(上掲書、p. 77)。

ブックレポート的な書評のひとつとして、下記を挙げよう。

【山下清美・川浦康至・川上善郎・三浦麻子2005。ウェブログの心理学。NTT出版】

《「書き続ける」ことに意義がある》

前評判が高い本だったこともあり、200ページあまりをするすると一気に読了した。私自身がウェブログを始めてまだ2ヶ月あまりという初心者なので、この形式の表現手段がどのような経緯で歴史的に成立してきたのか、そしてこれほど広く普及するようになったのかという点に興味をもった。本書の第2章に概観されているウェブサイト、ウェブログ、そしてソーシャル・ネットワーキングのたどってきた道のり、そして付録の年表はたいへん参考になる。

本書は全体を通じて「社会心理学」の観点に立って、ウェブサイトやウェブログにまつわるさまざまな現象を分析していこうとする。類書にはないこの切り口が本書の大きな魅力だ。

第1章では、個人がどのような動機づけでホームページをもとうとするのかについて論じる。著者は、情報呈示・自己表現・コミュニケーション動機という三つの属性をそこに見いだす。国際的な比較をしたとき、日本のウェブサイトの多くが「情報よりは自己重視が多い」(p. 18) という特性が際立って強いことが指摘される。ウェブ日記をもつサイトの割合が日本では24%もあるのに対し、アメリカや中国ではそれぞれ8%、4%という低率であることに驚かされる。日本のウェブサイト所有者の多くは「自分を語る」ことに重きを置いているということなのだろう。

第3章と第4章は本書の核心部分である。第3章では、「なぜウェブログを書くのか」という問いに対して、ウェブ日記の心理学的な分析を通して答えようとする。著者はウェブ日記のもつ属性の正準判別分析を通して、「自己表出(自己効用)」の軸と「他者関係(他者効用)」の軸を発見した（pp. 85-86）。そして、この二つの正準軸の張る空間の中で、ウェブ日記の4類型カテゴリー（p. 83）――〝事実〟を述べる「備忘録」と「日誌」そして〝心情〟を語る「（狭義の）日記」と「公開日記」――がうまく分かれることを示す。さらにこの章では、重回帰分析を用いて、ウェブログを書き続ける心理学的要因に関するモデルのテストを行なっている（pp. 88-92）。この部分については、続く第4章において、共分散構造分析を用いた因果モデルの構築とテストという方向に発展させられる。

この章で特筆すべきことは、「日記」のもともともっていた「自己表現のためのメディア」である特性が、ウェブログという新しい環境のもとで、あらためて開花しつつあるのではないかという指摘だ。日記は明治中期に成立した読書文化としての「黙読」習慣の成立を前提とするという記述（p. 95）は確かに納得できる。ウェブ日記からウェブログへの変遷は「日記」が個人の中でもつ重みを増す方向に働きかけたということなのだろう。〝心情〟を語る日記についてのこのような分析は、他方で〝事実〟を述べる日記についても可能なのだろうか。そのような疑問は次の第4章の主題である。

第4章では、個人がウェブログを「書き続ける」（単に「書き始める」だけではなく）心理的動機を、第3章が分析した〈人間的側面〉に加えて、〈情報的側面〉にも注目して、共分散構造分析に基づく心理的潜在要因の因果モデルを構築し、それをテストしている（pp. 113-120）。その結果、たいへんおもしろいことがわかった。〝事実〟に関する情報開示を主眼とする〈データベース型ウェブログ〉と個人的な〝心情〟を語る〈日記型ウェブログ〉とでは、「書き続ける」心理的動機づけが異なっていると著者は結論する。すなわち、両者のタイプは「欲求→効用→満足」という基本的な心理プロセスに関しては差がないが、〈日記型ウェブログ〉は、情報の提供や獲得が動機づけにつながっていないのに対し、〈データベース型ウェブログ〉では自己表現の満足度が動機づけに結びつかないという大きなちがいが見られる（pp. 117-118の図4-3と4-4）。今年の1月9日に立ち上げたばかりの、私の〈leeswijzer〉は、本書の因果構造モデルで言うと、明らかに〝日記型ウェブログ〟ではなく、〝データベース型ウェブログ〟ということになるだろう。なるほどね。

最後の終章では、ウェブログのこれからを述べる。ウェブログのタイプ別を問わず「重要なポイントは、それらが継続して蓄積されていくこと」（p. 159）、要するに「ただ書き続けること」（p. 136）という本書の中心的メッセージは確かに受け取りましたよ。ウェブログをやっているそこのアナタもぜひ本書を読みましょうね。

書評者　三中信宏（２００５年3月17日公開）※１８８１字［一部修正］

――――

私にとっての典型的なブックレポート的な書評は、ある本を目次順にたどりながらその内容を要約していくという形式で書いている。上の書評でも「ウェブログ」をキーワードにして展開される議論を章ごとにまとめた上で、興味を惹くトピックスについて感想なり疑問を書きとどめるというスタイルを採用している。ブックレポート書評は、全体として良くも悪くも〝ニュートラル〟なスタイルなので、読書時のさまざまなメモ書きをさくさく〝束ねる〟という使い方に向いている。付箋を貼ったりマルジナリアに書きこむタイプの読者にとってはあくまでも利己的な読書メモの発展形としてのブックレポート書評はきっと役立つにちがいない。その一方で、ブックレポートは著者に対して喧嘩を売ったり論争をしかけたりという色合いは薄いので、他人が読んでも書評としてはそれほどおもしろくはないかもしれない。

『踏み外さないための書評術』でも指摘されているように、ブックレポート書評は〝ネタばらし〟もあり得るので、書評本によっては読まない方が身のためだろう。しかし、ある本の全体を簡潔にまとめているという点で、ブックレポートをあらかじめ読んでおけば、その本を実際に手にしてみようという動機づけのひとつにはなる。たとえば、科学系新刊和洋書の書評サイトとして長年にわたって定評のある〈shorebird：進化心理学中心の書評など〉https://shorebird.hatenablog.com/ では、取り上げられる本ごとにきわめて詳細なブックレポートが公開されており、これまで多くの読者が閲覧していると聞く。この書評サイトのようなポリシーは新刊科学書を広く潜在的読者層にアナウンスするという点でまちがいなく〝公共性〟がある。利己的な私にはちょっと真似のできないサイトポリシーだ。

2 - 3 - 2. 長い書評と短い書評　隠岐さや香『文系と理系はなぜ分かれたのか』

書評本が大著であるほど、それに比例して書評はどんどん長くなる傾向がある。私がまだ自分のサイトで〝自由に〟書評記事を公開していたころはとんでもなく長い書評をふつうに書いていた。たとえば、ウリカ・セーゲルストローレの『社会生物学論争史——誰もが真理を擁護していた（全2巻）』（セーゲルストローレ2005）は上下2巻で計800ページほどもあったが、私のオンライン書評（三中2005c）は15000字に膨れ上がった。同様に、計700ページ超の西村三郎『文明のなかの博物学——西欧と日本（上・下）』（西村1999）のオンライン書評（三中2004）は12000字を超えた。

これくらいまとまった量の長い書評記事になると、単なる読後感想だけではなく、むしろあとで参考資料として使えるくらいの情報量をもたせることができる。実際、長い書評と短い書評とを書き比べてみると、両者はそもそも目的が異なっていることにあらためて気づかされる。ここでは、評判を呼んだ新書——隠岐さや香『文系と理系はなぜ分かれたのか』（隠岐2018）——を例に取ろう。私が公開したオンライン書評（三中2018b）はこんな具合だ。

【隠岐さや香２０１８。文系と理系はなぜ分かれたのか。星海社】

《「文系 vs. 理系」分類から見た科学の過去・現在・未来》

身の回りの日常会話でふだん交わされるような「文系」対「理系」の区別は、もともと分類が大好きな日本人にとっては、ほとんど〝血液型人間学〟のように広く深く染みわたっている。本書は、この空気のように当たり前で、それゆえ意識されることのない「文理」の分類に科学史と科学技術社会論の観点から切り込んでいく。

第1章「文系と理系はいつどのように分かれたか？——欧米諸国の場合」は、欧米における文系／理系の学問分類の起源を中世までたどり、もともとは単一だった学問技芸の世界がどのように分化していったかを振り返る。自然科学と工学が比較的早く分化したのに対し、人文社会科学はもっと後代になって分かれたという指摘は興味深い。いわゆる理系の分野が錬金術や自然魔術の後継としてより早い時代に自立していったことは納得できる。それに対して、もっと古い時代からあったはずの法学や哲学が近代的な分野として独立するようになるまでには錯綜した経緯があると著者は言う。経済学を含む社会科学にいたっては18世紀後半になってやっと近代化の胎動が始まったそうだ。19世紀になるとさまざまな思想家が「学問分類体系」を提唱することになるが、本章の後半では、文系と理系の学問分野が時代によっても国によっても微妙に異なる分類のされ方を経てきたと述べられている。

第1章の末尾（pp. 73-75）には、本書全体にとって大きな意味がある指摘がなされている。西洋科学のたどった歴史を見ると、文理の分類は必ずしも明確になされてきたわけではないと結論した上で、著者は次のように述べる。

「確かに、「人文社会」「理工医」の二つに分ける区別は絶対ではない。しかし、諸学は一つとも言えない。そこには少なくとも、二つの違う立場が存在するのではないか、と思うからです」(p. 73)

では、著者の言う「二つの違う立場」とは何か。

「一つは「神の似姿である人間を世界の中心とみなす自然観」から距離を取るという方向性です。それは、人間の五感や感情からなるべく距離を置き、器具や数字、万人が共有できる形式的な論理を使うことで可能になりました。文字通り、「客観的に」物事を捉えようとしたわけです。その結果、たとえば地球は宇宙の中心ではないし、人間は他の動物に対して特別な存在でもないという自然観につながりました」（p. 74）

「もう一つは、神（と王）を中心とする世界秩序から離れ、人間中心の世界秩序を追い求める方向性です。すなわち、天上の権威に判断の根拠を求めるのではなく、人間の基準でものごとの良し悪しを捉え、人間の力で主体的に状況を変えようとするのです。その結果、たとえば、この世の身分秩序を「神が定めたもの」と受け入れるのではなく、対等な人間同士が社会の中でどう振る舞うべきかをさぐったり、人間にとっての価値や意味を考えたりするための諸分野がうまれました」（p. 74）

「すなわち、前者にとって、「人間」はバイアスの源ですが、後者にとって「人間」は価値の源泉であるわけです」（p. 74）

この二つの立場のちがいが文理の区別に大まかに対応していると著者はみなしている。

「断言はできませんが、どちらかといえば、前者は理工系、後者は人文社会系に特徴的な態度といえるでしょう。もちろん、経済学の幾つかの学派や、医学のように、どちらともいえない分

野もあります」(p. 75)

主体としての人間を突き放すかそれとも引き寄せるかという正反対のベクトルが、二つの異なる学問群を規定しているという著者の見解はとても興味深いし、納得できる。

続く第2章「日本の近代化と文系・理系」は、日本の歴史における学問の歴史と文理の区別について論じているが、主として江戸時代以降の近世から現代に連なる科学研究の制度論・組織論を中心に書かれている。第3章「産業界と文系・理系」、現代社会に占める科学の位置と地位、そして文系／理系の別が学問的あるいは職業的なキャリア形成に及ぼす影響を考察する。さらに第4章「ジェンダーと文系・理系」では男女のジェンダー論を踏まえて、科学との関わり方がジェンダーによってどのように異なるのかを論じる。これら三つの章は読む人が読めばおもしろいかもしれない。

最後の第5章「研究の「学際化」と文系・理系」は、ふたたび本論に戻り、第1章の問題提起を受けてさらに議論が展開されている。この章では、いままさに進行している科学の分野を超えた「学際化」を取り上げ、文理全体を含む既存の科学分野の〝境界〟は今後どのように変遷するのかを議論する。著者の提示する科学の「多元論」と「一元論」はここで示しておく必要があるだろう。

「ひょっとしたら私たちが「自然科学」と捉えているものすら、実は全く統一性のない、バラバラのものではないか、単に歴史的な偶然により一つのカテゴリーにまとめられているだけではないか、という疑いです。これを「自然科学の多元論」と呼びましょう」(p. 214)

「同時に面白いのは、仮に「自然科学は多元的」であるとしたら、人文社会科学との差は一層縮まるのではないかとの主張も成り立つことです。すなわち、逆説的にも、「自然科学の多元論」は、「文系・理系もふくめ、バラバラの諸学がゆるくつながって一つである」とする「科学の（ゆるい）一元論」と相性がよいのです。この問題は今でもはっきりとは答えが出ていません」(p. 215)

著者がここで提示する「自然科学の多元論」と「科学全体の一元論」は視点のフォーカスの深さによって整合性があると私は考える。しかし、それ以上に重要な点は、もし著者の指摘する点が説得力をもつとしたら、ある科学を区切る〝壁〟もまた実質的に存在しなくなり、複数の学問分野にまたがって共有された問題を共通の統一的視点でアプローチするという自由な道が拓けるだろう。科学が多元的かそれとも一元的かという以前に、個々の科学を区切る〝仕切り〟そのものが消えていくという考え方だ。

けれども、著者は科学間の〝学際化〟という名の融合に全面的に与しているわけではない。むしろ、そのスローガンが内包する先入観や政治性に言及しつつ、異なる前提をもつ複数の研究分野が共存することに意味があると主張する。

「私たちはバイアスのかかったやり方でしか世の中を見ることはできませんが、諸分野の方法というのは、地域や文化を超えて人々が選び取ってきた、いわば、体系性のあるバイアスです。体系的なやり方で、違う風景を見て、それを継ぎ合わせる。または違う主張を行いながらも、それを多声音楽のように不協和音を込みで重ね合わせていく。そのことにこそ、様々な分野が存在する本当の意義があるのではないでしょうか」(pp. 233-234)

もし著者の言うように〝みんなちがって、みんないい〟のであれば、ある(バイアスのある)体系を批判的に検討する余地はどのようにすれば確保できるのかという問題が浮上するだろう。本章の最後の部分では、社会生物学を例に取り、伝統的な人文社会科学の人間観への〝生物学的〟な批判について言及がある。この問題意識はのちの人間進化生物学にも継承されていることを私たちは知っている。多様な学問分野があっていいのであれば、分野間の相互協力のみならず科学的な(「政治的な」ではなく)相互批判も担保される必要があるだろう。

本書全体として、著者の基本スタンスは、性急な結論を急ぐわけではなく、一方的な見解だけを押し付けることもなく、さまざまな情報ソースを踏まえた、よくも悪くも〝両論併記〟の立場を堅持しているようだ（各章末に付されている出典リストは多岐にわたる）。だから、誰にもわかりやすい白黒がはっきりした結論を期待した読者はきっと肩透かしを食わされるにちがいない。

本書は読者の耳目を集めるにちがいない書名に惑わされてはいけないタイプの本である。私が読み取ったかぎりでは、もう少し著者なりの主張を強く出してもよかったのではないかと思うが、どうもその点ではガードが硬いような気がした。本書を契機としてさらなる論議が展開されることを期待する。

かつての金森修だったら、こういうテーマに関してはもっともっと強く自説を押し出してきただろうなとふと遠い眼差しになってしまった。

書評者　三中信宏（2018年9月13日公開）※3503字［一部修正］

上の書評は3500字あるので比較的〝長い書評〟の部類に入るだろう。いちおう章の順に内容紹介をしている点でブックレポートのように見えるが、実際には著者の見解に対する書評者（私）の意見がかなり投入されている。書評が長くなるほど書評者側からの同意や反論を書くだけの十分な余裕ができるのは当然予想できるだろう。〝ニュートラル〟なタイプのブックレポートに比べれば、書評者の存在感はより大きくなる。上掲の『ニッポンの書評』（豊崎 2011）の書評で引用したが、著者の言う悪しき書評者としての「取り上げた本を利用して己の思想を披瀝する輩」は短い書評の制約のもとでは活躍のしようがそもそもない。字数制約のしばりがゆるい状況下で初めて書評者の自説を述べることができるからである。

それでは、〝短い書評〟にはどのような役割が与えられるのだろうか。この点については、私は豊崎の言う「作品という大八車を後ろから押してやる〝応援〟の機能を果たすべきもの」という見解に同意したい。短い書評を打つ第一義的な目的はその本を潜在読者層に周知するという宣伝効果だろう。書評を打つことは宣伝を打つことと同じであるとすれば、書評者はその目的を達成するための戦略を練る必要がある。『踏み外さないための書評術』の著者らは、書評者は読者を釣る〝フック（hook）〟を書評のなかに忍ばせろと言う。

> 「フックとは、読者を惹きつけて関心を向けさせ、書評全体を読ませる文言のことだ。読者の目に留まらないことには、書評は読まれないまま脇に押しのけられてしまうだろう。せっかくの書評

者の仕事は無駄になるし、書評者と読者とのつながりも切れてしまう」(Calvani and Edwards 2008, p. 29)

長い書評だとフックはとくに必要ないだろう。そもそも長い書評を読もうとする読者は最初からその本に興味をもっているにちがいないからだ。一方、短い書評が想定するのは、その書評本の存在を知らないか、知っていてもまだ関心がない読者層だ。だから、彼らの注意をつなぎとめるフックが必須になる。

上で例に挙げた『文系と理系はなぜ分かれたのか』については、そのオンライン書評を公開したその年の暮れに、みすず書房の月刊誌『月刊みすず』の年頭特集〈2018年読書アンケート特集〉に短縮バージョンの書評を寄稿した(三中 2019)。毎年恒例のこの〈読書アンケート特集〉は、書評者がその年に印象に残った数冊の本を選んで短評を付けるという形式で、私は2004年以降毎年寄稿している。私の『文系と理系はなぜ分かれたのか』短評を下記に示す。

『文系と理系はなぜ分かれたのか』は、ふだん何気なく飛び交わされる「文系」と「理系」という言葉がどのような歴史的あるいは社会的なバックグラウンドを背負っているのかを再認識させてくれる。著者は、西洋科学のたどった歴史を振り返ると「文理」の分類は必ずしも明確になされて

きたわけではないと結論した上で、主体としての人間を突き放すかそれとも引き寄せるかという正反対のベクトルが、大きく異なる二つの学問群を規定するという興味深い指摘をしている。〝人間〟をバイアスの源として排除して世界を究明しようとするのが「理系」であり、逆にその〝人間〟を中心に据えて世界を見ているのが「文系」であると著者はみなしているようだ。私はこの両者は対置されるものとはみなしていないが、著者が指摘するように、多様な学問体系をどのように生産的に共存させていくかという問いは確かに実質的だろう。

書評者　三中信宏（2019年2月1日掲載）※381字

上の短評記事の〝ブック〟はもちろん書名にある「文系」と「理系」という対語だ。このペアは社会的にも十分すぎるほど浸透していて、多くの一般読者にもまちがいなくなじみが深いだろう。ある意味すでに手垢にまみれた「文系／理系」という対置にどんな新しい切り口が可能なのだろうかという好奇心が読み手の心に湧き上がるとすれば、この短評の目的は達成されたことになる。

2-3-3. 専門書の書評(1)　倉谷滋『分節幻想』

いわゆる〝一般書〟と〝専門書〟は、読者によって分け方が異なり、その範囲も程度もばらつきがあるだろうから、ここであれこれ議論しても埒が明かない。相対的に見るならば、一般書と比べたときに、専門書とはある特定の分野について該博的・徹底的・体系的に掘り下げて考察し、体系的な議論を展開している本であるというおおまかな性格づけは可能だろう。

私が見るところ、本としての外形や体裁、たとえば新書・文庫かハードカバー本かは一般書と専門書を分ける基準にはまったくならない。むしろ、コンテンツとして註・文献リスト・索引があるかどうかの方がはるかに重要だろう。実際、私はたとえ新書のフォーマットであっても、文献リストや事項索引・人名索引は必ず付けている。第1楽章で述べたように、註・文献リスト・索引の〝三点セット〟は参考文献としての利用価値の有無を決定する。すべての〝専門書〟にはこの〝三点セット〟が完備されているだろうから、参考文献としての最低限の基準はクリアしているにちがいない。

ある専門書がもともとどこまでの範囲の潜在読者層を想定しているかが、書評を書く上では問題になるかもしれない。もちろん、世の中には極端に範囲が限定された学術書（「モノグラフ」とも呼ばれる）も実際にあるわけで、そういう〝先端的〟な本ともなれば、その分野に通じたごく少数の読者を念頭に置いて書かれているだろう。とすると、あえて書評をするまでもなく、知っている人はその本を自分でひもとけばすむことであり、わざわざ手間ひまかけて書評する必要もない――などと言ってしまったら身も蓋もない。どんな専門書であったとしても、そこに書かれている先端的内容はまったく別の分野にも通じるものがあるかもしれない。その専門書の著者でさえ気づいていないような他分野・他領域への〝けもの道〟を探り当てるのが専門書の書評の醍醐味かもしれない。

以下では、生物学分野の専門書の例として、日経サイエンス誌に掲載された倉谷滋『分節幻想』（倉谷2016）の書評（三中2017e）を挙げる。

【倉谷滋『分節幻想——動物のボディプランの起源をめぐる科学思想史』工作舎】

《「観念は細部に宿る」——比較形態学の格闘の歴史》

全860ページにぎっしり詰め込まれた文字の海を泳ぎきり、おびただしい数の解剖図の山を踏破するのは、たとえ覚悟を決めた読者にとってさえ修行だろう。生物のもつ多様な形態の綿密な観察から始まる比較形態学は、生物学のなかでももっとも古くそしてもっとも基盤的な研究分野だ。著者自身がその最先端を担っている進化形態学は、現在では遺伝子レベルの詳細にわたる知見を蓄積している。しかし、今世紀の生物形態学の歴史をさかのぼってルーツをたどると、とたんに一世紀も二世紀も前の知的怨霊たちがあちこちから姿をあらわす。

比較形態学の歴史はさまざまな観念論がうずまく舞台だった。著者は脊椎動物の頭部の形態がどのように形成されたかという問題に焦点をしぼり、形態学の祖である19世紀はじめの文豪ゲーテに連なるドイツ観念論生物学の潮流を圧倒的な史的ディテールを積み上げることによって語る。型（タイプ）の統一性をめぐって戦わされたジョルジュ・キュヴィエとエティエンヌ・ジョフロワ＝サンティレールの大論争もこの文脈に取り込まれる。その後のローレンツ・オーケンやリチャード・オーウェンらが夢想した原型（アーキタイプ）は、多様な脊椎動物の頭部が背骨の椎骨と同様の「分節」によって生じているという観念が広まっていたことを示した。

20世紀に入り、一方ではダーウィン進化思想が広まり、他方では実験発生学が進展するとともに、比較形態学をとりまく思潮はさらに錯綜する。エルンスト・ヘッケルやカール・ゲーゲンバウアー、ヤン・ウィレム・ファン・ワイエ、エドウィン・グッドリッチなど当時の中核を担った形態学者たちは、進化的な生物形態の変遷を論じつつも、その言説の端々に観念と現実が入り混じる。観念論的形態学そのものは、20世紀なかばくらいまでは公然と生き残っていたことをわれわれは知っている。しかし、著者はそればかりか現代の分子進化形態学においても原-左右対称動物（ウルバイラテリア）のような観念論的な仮説が提唱されてきたことを指摘する。現実の形態の背後には隠された原型があるという心理的本質主義はかくも頑強なのかもしれない。

比較形態学の密林と泥沼を抜けたその先に、著者は生き延びた読者へのご褒美として「相同性の円環モデル」という試論を提示する。相同性に関する複数の層（レイヤー）を円環状に積み重ねることにより、形態発生の機構と変化を説明しようとする仮説である。観念の魑魅魍魎を憑物落としてくれる、なんと心地よい涅槃の境地であることか。

この分厚い本のもつ魅力は、頭部分節論を軸にして、ほぼ二世紀にわたる比較形態学の歴史を縦横無尽に飛びまわる著者のフットワークの軽さにある。過去の膨大な文献資料をひもときつつ、そして著者を含めていま活躍中の研究者たちの業績をおりこみつつ、細部から大局を論じてはまた細部に分け入るスタイルは他に類を見ない力仕事である。かの古生物学者スティーヴン・ジェイ・グールド亡きいま、こういうふうに大部の専門書をまとめ上げられる研究者はごく少数派だろう。

いまこの書評を書いている脇に、19世紀末の鳥類学者マックス・フュルブリンガーによる解剖石版画を開いている。偏執狂的に腑分けされた鳥類の筋肉・神経・骨格の背後にこの形態学者は何を見抜いたのだろうかと考えないわけにはいかない。生物形態をめぐる現実と観念が絡み合う本書は、科学史が現在の科学研究と密接につながっていることを如実に物語る良書である。こわがらずに手に取ろう。

書評者　三中信宏（２０１７年4月掲載）※１４７７字

本書『分節幻想』は19世紀から20世紀にかけて大きく展開した比較形態学（比較解剖学）の系譜をたどった科学史の大著である。生物形態の比較観察を通して、生きものの多様なかたちの起源を探ろうとするおびただしい数の研究と研究者が大挙して押し寄せてくる。束《つか》の厚さにして5センチにもなるページ数といい、税込でほぼ1万円という価格設定からして、誰もが手に取ったり贖えるわけではない典型的な学術書だ。少なくとも私にはとてもおもしろい本で、深刻な〝滑落事故〟に巻きこまれることもなくつつがなく読了できた。問題はその読書体験をどのように書評記事にまとめるかだ。

新聞や商業誌に書評を書くときはたいていきびしい字数制限があるので、そのつど書評本の分量と内容の専門度を勘案しながら〝局所最適〟な書評文を書くことになる。ブックレポートみたいにディテールを書き記すスペースはどこにもない。だからといって、上っ面を撫でただけではこの本の潜在的なおもしろみはとうてい〝外〟にいる読者には伝わらないだろう。『分節幻想』に詰めこまれた学問の知的系譜の錯綜した道のりを日経サイエンス誌のたった１５００字という短い書評文のなかでうまく紹介するのはかなり難しかった。上の書評では、「進化形態学」「相同性」「観念論」などいくつかのキーワードを〝ブック〟

として示しつつ、著名なキーパーソンたちを舞台に召喚して語らせてみた。

2-3-4．専門書の書評(2) ジェームズ・フランクリン『「蓋然性」の探求』

書評者は著者と読者とをつなぐ〝ファシリテーター〟としての役割を期待されている。しかし、どんな書評本でも、まずはじめに自分が楽しめなければ他人にその喜びを伝えることはできないだろう。専門書の場合は、書評者自身のもつ事前知識をうまく動員して、専門書の〝山頂〟からの見晴らしを読者にいきいきと伝えるのが書評のひとつの理想だ。とはいえ、すべての専門書が安全安心な〝登攀〟を書評者に保証してくれるわけではない。場合によっては、とても辛い山登りを要求されることがある。専門書は読み通すことそれ自体がすでに難行苦行であることが少なくない。ある程度の事前知識がある分野ならまだしも、まったく未知の分野の専門書に果敢に〝登攀〟するときは〝生きて還れない〟覚悟をする必要がある。

専門書を書評するときには、まずはしっかり最後まで読了して、その登攀の過程を付箋の貼りつけやメモ書きによってしっかり記録する習慣を付けたい（私はいつもそうしている）。読み終わったあとに、登攀コースを上から鳥瞰して、その〝山〟がどんなかたちをしていたのかをあらためて再構成し、その頂上から見渡せる〝景色〟を書評としてまとめる仕事が待っている。運がよければその見晴らしのなかにまだ探査されていないルートが見つかるかもしれない。そのルートは専門書が描くミニマルな世界とその外側に向かってさらに広がる世界とをつなげる可能性を生むだろう。

次に示すジェームズ・フランクリン『「蓋然性」の探求』(フランクリン2018)のオンライン書評(三中2018a)は、字数制限がまったくない点を利用し、拡大版ブックレポートとしても利用できるようにとても長い書評を書いた。

【ジェームズ・フランクリン『「蓋然性」の探求——古代の推論術から確率論の誕生まで』みすず書房】

《非演繹的論証法としての蓋然性のルーツ》

確率論史の超弩級本。700ページ超の厚さに文字テキストがみっしり詰まる。原註にいたってはOED縮刷版を読む視力が必要。確率論史に関してはすでに、イアン・ハッキング[広田すみれ・森元良太訳]『確率の出現』(2013年12月刊行、慶應義塾大学出版会)を読んでおなかいっぱいになっていた。しかし、「二千年以上にわたる蓋然性の歴史を、法・科学・商業・哲学・論理学を含む圧倒的に広範な領域で調べ上げ、ハッキングの『確率の出現』の成功以来信憑されてきた単純すぎる確率前史を塗り替える」(版元ページから)——などと煽られれば、これまた完読しないわけにはいかない。束の厚みが4センチもある本書はさすがに歩き読みできないので、机に向かって黙々と読み進んだ。確かに、ある研究分野の歴史は調べれば調べるほど予想以上に錯綜していることがわかる。

第1章から第4章までの160ページは古代から中世にかけての法学と神学が議論の舞台だ。第1章「古代の証明法」・第2章「中世の証拠法――嫌疑、半証拠、審問」・第3章「ルネサンスの法」は、古代からの法学における証拠の扱いと裁定の規則が確率（蓋然性）の概念的根幹をなしていると指摘する。つまり、証拠に基づく推論の構造に関する考察は中世より前にすでに深められていた。古代ローマ法におけるキーワードのひとつに「徴候（indiciis）」という用語がある（p. 18）。著者によれば、この「徴候」とは「状況証拠」（p. 33）を指しているとされる。徴候という言葉が証拠と同義であるとすると、かねてから引っかかっていた私の疑問のひとつがきれいに解決する。

カルロ・ギンズブルグが著書――カルロ・ギンズブルグ［竹山博英訳］『神話・寓意・徴候』（1988年10月刊行、せりか書房）――で提示した「un paradigma indiziario」という言葉は「徴候解読型パラダイム」と訳されてきた。私は『思考の体系学』や『統計思考の世界』でこれに言及するときは「痕跡解読型パラダイム」とあえて意訳した。以来ずっとこの訳でよかったのかどうか気になっていたのだが、『「蓋然性」の探求』の著者が「徴候」とは古代法学的には「証拠」の意味であると示唆したことにより、ギンズブルグの「徴候解読」あるいは「痕跡解読」とは要するに「証拠の解読（証拠からの推論）」だったことがわかって一安心した。

また、十年あまり前に読んだ、あのC.R.Rao老師のある文章には、統計的推論には「法学的スタンス（a forensic attitude）」（Rao 2004, p. xi）が必要だと書かれていた。当時は「どうしていきなり〝法学的〟という言葉が統計学の文脈で出てきたのか？」といぶかしく思った。しかし、「証拠からの推論」が古代法学からの伝統であるのであれば、確かに今の統計データ解析とのつながりがあることはまちがいないだろう。すとんと納得できた一瞬だ。

通常理解されている「確率」の数学的概念をもっと裾野の広い「蓋然性」という非数学的概念として理解し直そうというのが本書の視点だ。著者は序の中で、確率的推論を「無意識的な推理」から「数学的な推論」への移行として捉えている（p.2）。確率や統計のリクツの背後には仄暗い背景が広がっている。

第4章「疑う良心・道徳的確実性」に進む。蓋然性の論議は中世法学から道徳神学へと移る。12世紀以降の蓋然性の論議は、数学や科学の分野ではなく、倫理と道徳と結びついていたと著者は言う（pp. 106–108）。道徳的に疑わしい事案に関する「疑う余地のある問題ではより安全な道を選ぶべし」（p. 110）というインノケンティウス3世の格言は、証拠に基づく蓋然性の相対的評価法を意味していた。

中世の道徳神学では「蓋然主義（probabilism）」――「道徳問題では、たとえより蓋然的な意見には反していても、蓋然的な意見にならに従ってもかまわない」（p. 122）という教義――が重要な論点だった。16世紀のフランシスコ・スアレスは推論に対する「陰性の疑い」と「陽性の疑い」の観点から考察した。スアレスは証拠のもつ相対的な重みをどのように評価するかに着目したが、彼が提起した「蓋然性のランキング」の問題は決着がつかなかった。つまり「仮説の正否の証拠がほとんどない場合」と「仮説の正否の証拠がたくさんあって拮抗している場合」の区別という問題である（p. 128）。

第4章の道徳神学の話題はあまり馴染みがなかったが、続く第5章「弁論術、論理学、理論」でまた目が覚めた。蓋然性を厳密な数学にもちこもうとする立場に抗して、ギリシャ時代以来の「弁論術（レトリック）」――データに基づく非演繹的論法――に結びつけようとした論議が本章の主題となる。「弁論術では――とアリストテレスは言う――演繹的論証はめったに役に立たない。なぜなら、人間の行為にかんする討議は偶有的なものを扱うからだ。必然的に決まるものはほとんどない。だから本当らしい事柄（eikoton）としるしを使わなければならない」（p. 179）。著者はここでアリストテレスのいう「エンテュメーマ（弁論術的推論）」（p. 181）を引用し、非演繹的な推論の形式が当時の弁論術と蓋然性とを結びつける要点の一つだったと指摘する。しかし、残念なことに、このエンテュメーマの理論は必ずしも十全に発展することはなかったと著者は言う。

アリストテレスの「エンテュメーマ」という論証法が、「最善の説明に向けての推理」すなわち「アブダクション」に他ならないことは、カルロ・ギンズブルグ［上村忠男訳］『歴史・レトリック・立証』（2001年4月刊行、みすず書房）のpp. 66–67で指摘されている（私の『系統樹思考の世界』のpp. 64–65でも言及）。ギンズブルグはこう述べている。

「バーンイェイトが指摘しているところによれば、それらしき証跡からのエンテュメーマというアリストテレスのより緩やかな定義には『「最善の説明に向けての推理」（より古い言い方では、結果から原因へとさかのぼっていく推理）のような不可欠の推論様式』が含まれているのであって、『そのような推論様式が認められないと、弁論術や議会での審議ばかりでなく、医学もまた、その活動の幅を厳しく縮減されてしまうことにならざるを得ない』という」（ギンズブルグ 2001, pp. 66–67）

蓋然性に関する論議が、数学（論理学や幾何学など）などの「ハードサイエンス」ではなく、弁論術や法学あるいは神学のような「ソフトサイエンス」（p. 198）の中で長年にわたって続けられてきたという著者の指摘はたいへん興味深い。著者は蓋然性の厳密な数学的議論ばかりに着目するのは偏向だと言う。

続く第6章「ハードサイエンス」と第7章「ソフトサイエンスと歴史学」では、蓋然性が相異なるふたつの文脈の中でどのように理解され議論されてきたかを対比する。まず、第6章「ハードサイエンス」では天文学史を振り返り、観測と理論との関係を蓋然性の観点から考察する。包括的理論によって万物を説明してしまおうとする姿勢を一方の極とすると、天文学がたどってきた歴史はより確率論的なもう一つの極に軸足を置いた。

「スペクトルのもう一端では、理論が観測に細かく目を配る。つまり一連の測定結果に公式や曲線をフィットさせることがおこなわれ、確率論的な方法を定式化する余地がある。とくに天文学では、測定結果はランダム誤差を免れない。近代統計学の出発点は、いくつかのデータ点からの彗星の軌道を予測するために、最小二乗法を適用したことだった。近代［統計学］の方法は、本質的には、複数の不正確な測定結果を平均することによって、疑わしい測定結果をより正確にすることができる、という古来のアイデアを洗練したものである」（p. 215）

この第6章では、アリストテレスとプトレマイオスに始まり、オレーム、コペルニクス、ケプラー、ガリレオにいたる天文学の歴史の中で、蓋然性がどのように取り扱われてきたかが論じられるとともに、最善の説明への推論・オッカムの剃刀・モデルの相対的比較など重要な論点が登場する。

続く第7章「ソフトサイエンスと歴史学」では、厳密な天文学に対して〝下位科学〟に位置づけられる生物学や歴史学に光を当てる。これらの非演繹的科学のように「結論が演繹的に証明できない場合には、「同じ方向を指し示す」しるしをより多く集めることはやはり価値があるだろう」(p. 262)。本章で取り上げられる人相学・薬草学・医学・占星術では、観測データからどのように推論を行うかに関してそれぞれの流儀があった。抽出されたサンプルに基づく母集団に関する推論は12世紀のユダヤ法(タルムード)において詳細に議論された(pp. 276–281)。歴史学に目を向けると、確率統計的思考のルーツはかの歴史家トゥキディデスにまで遡れると著者は指摘している(p. 282)。そして、10世紀の哲学者アヴィケンナは歴史学を含む〝下位科学〟における推論が、天文学には見られない、対象物のもつ大きな変異性に影響されると見抜いた(pp. 285–289)。

「下位科学では、少なくとも、より多くの証拠を集めることによって、仮説を補強したり、逆にその基盤を弱らせたりすることができる。これに対して歴史編纂は、それがめったにできないという独特の難しさを抱えている。なぜできないかというと、過去に起こった特定の問題を論じるための証拠の総体がほとんど変わらないからだ」(p. 289)

ソフトサイエンス（〝下位科学〟）ならびにさらに〝下位〟に位置する歴史学は、蓋然性の問題とまともに取り組む必然性があった。

第7章後半部では、文書の真贋をめぐる蓋然性の論議に中世人文主義者たちが大挙して登場する。ある文書が本物かそれとも偽物か、あまたの異本群の中から〝もっとも真実に近い〟文書を発見するにはどうすればいいのか、という問題は、〝下位科学〟よりも下の歴史学のさらに下に位置づけられる文書校訂（本文批判）が取り組まねばならない蓋然性の問題だった。この文書校訂に関わった中世人文主義者として、本章ではロレンツォ・ヴァッラ、アンジェロ・ポリツァーノ、そしてヨセフス・スカリゲルが大活躍する。

参考文献として引用されているアンソニー・グラフトン『テクストの擁護者たち――近代ヨーロッパにおける人文学の誕生』（2015年8月刊行、勁草書房）をこの機会にもう一度ひもとくしかない。

本書の中心テーマである「蓋然性」に対する〝宿敵〟があるとしたら、それは事物や言動の「確実性（絶対性）」を要求する立場だろう。著者フランクリンは、第8章「哲学――行為と帰納」の冒頭で、哲学と宗教こそ蓋然性の宿敵だったと指摘する。

「哲学と宗教は蓋然性の宿敵である。昔から哲学者たちは、確実性を掲げることによって、単なるレトリック製造人たちとの間に一線を画そうとしてきた。パルメニデスは、真理（これは「存在」と結びついている）と、人間の意見（こちらは「本当らしい」といわれ、「非存在」と結びついている）とを峻別した。パルメニデス、プラトン、アリストテレス、およびその後継者たちにとって、論理的推論とは、いかなる疑いも容れない知識の基礎を固めるためのものだった。いきおい、本当らしさは彼らが考察すべきものではないとして追放された」(p. 312)

絶対的な真理と可謬的な本当らしさをはっきり区別した上で、真理のみを最重要視する態度は哲学でも宗教でも変わりがなかったと著者は言う。この章では、古代ギリシャ以降の哲学を振り返ることにより、たとえ少数派であっても蓋然性の論議がどのような経緯をたどったのかを考察する。帰納の可謬性や大数の法則などはトマス・アクィナスやスコトゥスあるいはオッカムの思想の中に見出すことができる。この流れの末端に近代確率論の祖とされるブレーズ・パスカル（pp. 360 ff.）が登場する。

続く第9章「宗教——神の法、自然の法」では、蓋然性に対するもうひとつの宿敵である宗教が取り上げられる。本章では中世以降のキリスト教神学をたどりながら、「神の存在証明」と蓋然性との関係がどのように議論されてきたのかを考察する。神が存在することの証明としてよく掲げられる「デザイン論証（intellectual design）」には二通りのバージョンがあると著者は言う。第一の「演繹的なデザイン論証」とは以下のものである。

「演繹タイプのデザイン論証で最も有名なのは、トマス・アクィナスの「第五の途」である。これは、自然のなかに目的性や方向性を認めることは必然的に命令者の存在を含意する、というものだ。道路標識には意味がある、ということは、誰かが、それがそういう意味をもつように書いたのだ、と言うのに似ている。この論証は物事の本性への哲学的直観として提供され、私たちの選択肢はそれをとるかとらないかのどちらかしかない」(p. 366)

第二の「非演繹的なデザイン論証」は上の演繹的デザイン論証とは大きく異なっている。

「デザイン論証が非演繹タイプのときは、つねに代替仮説——世界の秩序は「神の意図【デザイン】ではなく」自然的原因から物質の自己組織化のようなものを通して生まれるという説

――の蓋然性を考える必要がある」(p. 367)

本章後半はブレーズ・パスカルによる「神は存在するか否か」という賭けの意思決定論を詳述する。パスカルはペイオフ計算(p. 408, 表9・1)に基づいて、神に「祈り」を捧げるという意思決定の方が妥当であると結論した。このパスカルの賭けに関して、フランクリンは合理的意思決定は蓋然性とは別物であると指摘する。

「[パスカルによる]この論証で注目に値するのは、パスカルが最晩年になっても、また、これほど意見への信念にかかわる(そして長期頻度とは無関係の)文脈においても、チャンス、つまり偶然のみを問題にし、蓋然性は問題にしていないことである」(p. 409)

「蓋然性がどんなに高くても、確実ではない以上、いかにも確実であるかのようにふるまうのはやめておこうと思わせるに足るほどのきけんは存在するだろう。同様に、パスカルの賭けにおいても、神が存在する蓋然性がどれほど低くても、こんなに報われるならば神の存在を前提にした行動は合理的だと思わせるに足るほどの報酬があるのだ」(p. 410)

けっきょく、近代的な確率(蓋然性)の考え方が生まれ出る背景には、哲学的あるいは宗教的なアンチ蓋然的な思考がまだ強固に残っていたということだろう。

確率論が〝賭け事〟というきわめて現世的・実業的な営為の中から生まれたとする俗説にしたがえば、第10章「射倖契約——保険、年金、賭博」は内容的にぴったりかもしれない。しかし、いたるところにローマ法の『学説彙纂』への言及があるところをみると、賭け事や保険のようなリスク管理はもっと古いルーツがあることを思い起こさせる。

続く第11章「サイコロ」は、大昔からの〝蓋然性〟概念が近代的な〝確率〟へと衣替えする契機が何であったかに目を向ける。

「対称な物体を投げて賭け事をするという、元来周辺的で、いかがわしくさえあるこの裏道には、特別な自慢の種がある。これは蓋然性のうちで真っ先に数学化された部分なのだ」(p. 460)

ここまでの章では、一貫して古代法学や道徳神学での蓋然性あるいは証拠に基づく推論が主たる論点だったのに対して、他方では賭博のような俗世間的な〝偶然ゲーム〟がなぜ注目を集めることになったかにフランクリンは着目する。著者はその理由はこの偶然ゲームが決着したとき、掛け金をどのように〝公平〟に分配すればいいのかという法的ならびに道徳的な問題が浮上したからだと推測する（pp. 460–461）。

ブレーズ・パスカルとピエール・ド・フェルマーが１６５４年に交わした往復書簡は、ハッキング『確率の出現』の冒頭にも登場するように、近代確率論の開幕を宣言する歴史的なできごととされている。パスカルとフェルマーが数学的に議論した「ポイント問題」と「サイコロ問題」（p. 482）の背景には、掛け金の分配に関する〝公平性〟を担保しようとする使命があったとフランクリンは言う（p. 488）。

『「蓋然性」の探求』では、単に確率（蓋然性）の数学化された部分にとどまらず、その背後に広がる数学化されなかった部分にも目配りをする視野の広さを特長とする。歴史の薄暗がりに忘れ去られた、必ずしも姿かたちが明瞭ではないものたちに光を当てるという本書の姿勢は全編を通してはっきりわかる。

最後の第12章「結論」に進む。蓋然性（確率）がたどってきた歴史の道のりを解明しようとする作業は容易ではなかったと著者は告白する。

「アイデアの歴史的発展についても同じことがいえる。潜在意識を浚渫して、埋もれた知識を掘り出すのは長期にわたる苦しい作業である。確率の歴史を、暗黙のうちにはすでにあった概念がしだいに明示化されてきた例として見ると、他の見かたではうまく説明できなかったさまざまな事柄が説明できる」(p. 514)

一方、本書が標的とするハッキング『確率の出現』の第1章では、近代的確率の出現の〝前夜〟についてはほとんど何もわかっていなかったと述べられている。アイザック・トドハンターの確率論史本『確率の数学論史――パスカルからラプラスまで』(Todohunter 1865)に言及しつつ、ハッキングはこう書いている。

「[トドハンターの]この題名は非常に的確である。というのも、パスカル以前には記すべき歴史がほとんどないのに対し、ラプラス以降、確率関連の文献は詳しく説明するのがほぼ不可能なほど[数多く]刊行され、確率は十分理解されたからである。トドハンターの著作六一八ページのうち、パスカルの先人について論じているのはわずか六ページだけである。[また]この著作以降もパスカルの先人についての研究は進展の余地があったにもかかわらず、現在でもわずか数点の初期の覚書や未刊のメモ書きをたまたまみつけることしかできずにいる。しかし、『パスカルの時期』になると、確率という出現してきた考え(emergent idea)をすべての市民が認識したのである。歴史を哲学的に研究するには一六六〇年頃に起こったことを記録するだけでなく、どのようにして確率という基本概念が突然出現しえたのかを思索しなければならない」（ハッキング 2013；訳書 pp. 1-2）

『「蓋然性」の探求』を読了してわかることは、近代的な確率概念はけっして「突然出現」したのではなく、アリストテレス以来の中世スコラ学における弁論術（エンテュメーマ）を踏まえた経験的な非演繹的推論の技法とローマ法を淵源とする法的な証拠の評価と推論に関する何世紀にも及ぶ議論が背景としてあったという点だ。蓋然性（確率）は、それが数学化されるされないにかかわらず、それぞれの時代を生きた人間にとって身近なものだった。

蓋然性の認知心理的基盤がまぎれもなく〝生物学的〟であるという指摘（p. 515）は、数学化以前に、それが文字化・記号化されているかどうか、さらにはそもそも意識されているかどうかさえ超越している可能性を示唆する。いま一度、冒頭の「序」に戻ると、フランクリンは確率的推論を段階化していた（p. 2）。

「無意識な推理。つまり、不確実な状況に対して記号未満のレベルで起こる、脳の自動的な反応」

「日常言語を用いた、さまざまな事柄の蓋然性についての推論。この中間レベルが本書の大きな主題である」

「確率や統計の教科書に出ているような、数式を用いた数学的な推論」

「すべての蓋然性に数値があたえられなければならないか」(p. 519) という著者の問題提起は、本書が念頭に置いている蓋然性(確率)の幅広いスペクトラムを考えれば納得できるだろう。

「したがって昔の著作にあたるときに大事なことは、17世紀に新しく始まったこと(つまり、数値化)の予兆を探すことではなく、むしろ、のちに定量化されたものもされなかったものも含めて、確率的事象について何が言われていたかを見出そうとすることである。蓋然性に数値があたえられていなかった時代に見出すことが期待できる、非演繹的論理の断片をいくつかあげてみよう」(p. 520)

これに続く節では、著者の主張を支持する実例(論証的推論・三段論法・有意性・帰納・類推など)が挙げられている。

では、なぜ数学的な確率概念がパスカル以前にはなかったのか。この問いに対して、フランクリンは「17世紀がそれまでの時代と明らかに違う点は、基礎数学の文化全体が成長したことである」

（p. 526）と指摘した上で、

「確率論がなぜもっと早く現れなかったのか、という問いに一言で答えるなら、〝数学が難しいから〟がその答えである。応用数学はそれに輪をかけて難しい」（p. 529）

と結論する。これは、数学的リテラシーの浸透とも関連するのだろうが、著者のもうひとつの答えはより根本的かもしれない。

「数学的蓋然性の発達を遅らせたと考えられる最後のそれらしい要因は、偶然の科学は存在しえないという信念である。なぜなら偶然とはまさに科学の手を逃れるものの名なのだから。これは自然な信念であり、アリストテレスの権威に支えられていた。［中略］一回生の偶然事象に注目することで、アリストテレスは偶然を、説明や理論を受けつけないものとして見る」（p. 531）

一回限りの偶然的なできごとが合理的な説明の対象ではないというこの信念は、中世的な「運命の輪」の寓意によって裏打ちされていると示唆される。

「確率の理論の出現が遅れた理由のひとつは、運命の車輪に象徴される不可避の運命という考え方が、偶然にかんして今日の概念と張り合うような概念を提供していたからだ、と論じることはできるだろう。しかしこの見解を支持する決定的な証拠を見つけるのは難しい。確率的な議論は決して運命の議論とともには生じないが、そのことがこの見解を支持する証拠といえるかどうかは難しい問題である。『偶然の科学は存在しない』という考えと、運命の車輪という考え方はともに、偶然と非理性のもっと深いところでのつながりを示唆しているのかもしれない」(p. 534)

現代のわれわれにとってなじみ深い〝数学的〟な確率論と統計学のすぐ裏側に、もっと広くそして〝非数学的〟な蓋然性の世界が広がっているという著者の結論は、エピローグにつながっていく。

最後の「エピローグ　非定量的蓋然性のサバイバル」では、パスカル以降の〝数学化〟の傾向――「数学的方法によってしだいに植民地化されてきた物語」(p. 572) ――を免れた〝非数学的〟な蓋然性の残響――「多くの非定量的な蓋然性がしぶとく生き残っているようす」(p. 572) ――に耳を澄ませる。ポール・ロワイヤルやラプラスの論理学あるいは法学や道徳神学のその後の顚末にフランクリンは注意を向ける。そして、現在の科学哲学にも時としてみられる懐疑論（社会構築主義）に対抗するには、証拠に基づく非演繹的推論の史的基盤を再認識することだとしめくくられる。

続く「2015年版への後記」と銘打たれたポストスクリプトでは、非定量的な蓋然性（確率）をベイズ統計学の観点から捉える立場が述べられている。著者は「論理的蓋然性主義」を「客観的ベイズ主義」とみなしているようだ（p. 591）。証拠と仮説に関する論理的確率を指しているものと思われる。

本書はハッキングの『確率の出現』ではあまり触れられていなかった、パスカル以前の確率（蓋然性）概念がたどってきた長い歴史をぎゅっと詰め込んだ大著である。本文も膨大だが、巻末の原註はさらに膨大な文字数がみっしり押し込まれている。通読するだけでも時間がかかる本だがその見返りはとても豊かである。巻末に付けられた折り込み図版の「関連年表／人物‐テーマ相関表」は、紀元前23世紀から始まりパスカルが登場する17世紀までの分野別の歴史がひとまとめに鳥瞰でき、蓋然性の歴史の広さと深さが実感できる格好のチャートだ。

さて、最後に残された大きな問題は、この『「蓋然性」の探求』という大著をどのように読めばいいのかだ。もちろん、確率と推論に関わる内容であることはまちがいないが、少なくとも第9章までの約400ページは古代から中世にいたる思想史の本だ。ギリシャ思想・ローマ法・道徳神学・スコラ哲学を知っている読者であれば、苦しまずに読み進められるだろう。しかし、確率論や統計学の歴史を期待した読者の多くは途中で無念にも息絶えてしまうのではないかという危惧もある。つまり、最初の数段がはずされた長い梯子が果敢な読者の頭上に架けられているということだ。

幸いにして、『「蓋然性」の探求』はハッキングの『確率の出現』を念頭に置いて書かれている。そこで、まずはじめに準備運動として『確率の出現』に登攀し、そのあとで『「蓋然性」の探求』の〝アイガー北壁〟に取り付くというコースが〝読者死亡率〟を下げるひとつの方法だろう。滑落せずに首尾よく『「蓋然性」の探求』から生還できたならば、『確率の出現』の末尾に付されている「二〇〇六年版序論　確率的推論の考古学」(pp. 313-349) に戻るとよい。この二冊の本は、確かに見解の対立はあるのだが、たがいに照らし合っているので、両方とも読むのがシアワセな人生への近道かもしれない。

いずれにせよ、道中くれぐれもお気をつけて。

書評者　三中信宏（2018年8月10日公開）※10730字［一部修正］

私の表看板は生物統計学（のはず）なので、本書『「蓋然性」の探求』は専門書とはいえ私のホームグラウンドに近いところに位置するはずの本だった。しかし、実際に読み始めてみて、この大著はアリストテレス雄弁術から古代ローマ法学さらには中世形而上学という通常の確率論や統計学の歴史書では扱われない〝前史〟を主題として取り上げていることが判明した。これはある意味みごとに〝フェイント〟をかけられたようなもので、読み方を一から改めなければならなくなった。

それは必ずしも著者の責任とは言えないだろう。では、読者が悪いのかと言われればそれもまた当たらないかもしれない。『学術書を書く』には次のような指摘がされている。

> 「いわゆる「領域固有の専門書」といわれるものでも、著者自身の研究領域の「二回り、ないし三回り外」にいる人々を読者として意識することは、本の可読性を明らかに高めることにつながります」（鈴木・高瀬 2015, p. 58）

読者がここでいう「二回り、ないし三回り外」にいると認識できるのかどうかは本人自身がよくわからないこともあるにちがいない。もちろん専門書を書く著者には配慮してほしいが、それとともに読者側にもあえて専門書に手を伸ばす気概が求められる（鈴木 2020）。専門書や学術書（その定義が何であれ）を書く著者とそれを手に取るであろう潜在読者が歩み寄るところに読書は成立する。そして、書き手と読み手を結びつける〝ファシリテーター〟としての書評者の役割をここで無視することはできない。

『「蓋然性」の探求』の1万字超というのは私がこれまで書いた書評のなかでも一、二を争う長さだ。まとまった量の長い文章を書くときの秘訣は「けっして遠くを見るな、足元だけを見て休まず歩き続けろ」である。私はこの秘訣をいつも「整数倍の威力」と言い換えている（本書後半の第3楽章でも繰り返し強調することになる）。

上の書評文もまたこの「整数倍の威力」に従って毎日毎日少しずつ書き進めた結果である。おそらくこれだけ長い書評記事をそれなりの時間をかけて書いた最大の御利益を受けたのはほかならない私本人だろう。いささか畑違いの専門書であっても、それを読了してアウトラインをブックレポートとしてまとめることで、本書全体の構図が理解できた。しかし、上述したようにブックレポートは良くも悪くも〝ニュートラル〟な書評になるので、それだけでは自他ともに印象に残りづらいだろう。

そこで、上の書評では各章ごとのブックレポートに加えて、関連する事項・著者・著書などにも言及することで、書評者である私の〝土俵〟にあえて書評本を引きずりこむようにした。前出の『ニッポンの書評』では、「相手の土俵に上がるのではなく、自分の土俵に書評対象の本を無理矢理引っ張り込む」（豊崎 2011, pp. 164–165）ような書評は手厳しく批判されている。けれども、そういう「蛮行」（同上、p. 165）は、少なくとも専門的な学術書またはそれに類する本を書評するときには、きわめて有効な〝戦術〟ないし〝サバイバル術〟であって、それなしには苦労の多い〝登攀〟から生還することすら困難になるかもしれない。書評がときに激しい戦場となることを私は実体験として知っているからだ。

2-3-5. 闘争の書評、書評の闘争(1) Alan de Queiroz『The Monkey's Voyage』

上で引用した『「蓋然性」の探求』は、私の予想に反して意外にも〝アウェイ〟な専門書だったので、前提となる知識の乏しさのせいで崖の登攀にはかなり苦労した。しかし、それだけに得るところも多々あったのは幸いだった。評者にとって未知の分野の専門書を読み通す機会をもつことは、自分にとっての新たな知識の〝純増〟を愛でることができるが、その反面として書評本に対する批判のまなざしが鈍ってしまうという問題が生じる。畑違いの分野の本を手にするときは、書評者にかぎらず誰もが多少なりともおとなしく殊勝な心がけになるはずで、みだりに批判的な口調になる頻度は低くなるだろう。知らないにもかかわらず知ったかぶりをしてこき下ろすというのはそれこそ〝蛮行〟と言うしかない。

一方で、書評対象本が書評者の専門とする研究分野に近くなればなるほど、さまざまな事前の知識や情報を踏まえた書評記事が書けると期待できる。著者の主張や論議が展開される学問的文脈について書評者があらかじめ知っていることで、初歩的な誤読や誤解を回避して、書評本の内容についてもより客観的な書評を書くことがきっとできるだろう。書評者の〝ホームグラウンド〟どまんなかの本が書評ターゲットとしてやってくれば、心のなかで快哉を叫んでいるかもしれない。

ただし、ここでいう〝客観的な書評〟とは著者にとって肯定的にも否定的にも作用する。学問的な観点から書評者が著者の主張を支持できるようであれば、書評文にはそれなりの応援ムードが漂うことになるだろう。しかし、必ずしもそういうケースばかりではない。場合によっては、下記の書評（三中 2016e）のように、きわめて〝敵対的〟な書評となることもありえるからだ。

【Alan de Queiroz『The Monkey's Voyage: How Improbable Journeys Shaped the History of Life』Basic Books, New York】

《Gary Was Not So Bad a Guy, or a Rape of History》

本書の著者は、爬虫両生類学（herpetology）を専門とする進化学者の観点から、われわれの常識をはるかに越えた長距離分散能力を生物がもち、それが今日の地理的分布を形成してきた主たる要因であると主張する。本書にはさまざまな生物の驚異的な分散能力に関する研究とそれらに関わった研究者群像がいきいきと描き出されている。本書は、現代生物地理研究の最前線をたどる〝物語〟として読むかぎり、とても楽しい内容である。

まず全体の構成を見ていこう。最初の第1部「Earth and Life」(pp. 21-112) は、Charles Darwin や Alfred R. Wallace が活躍した19世紀前半の生物地理学の黎明期から説き起こす。20世紀に入り、Alfred Wegener の大陸移動説あるいは当時流行した陸橋 (land bridge) 説を経由して、1970年代以降に興隆した分断生物地理学 (vicariance biogeography) と汎生物地理学 (panbiogeography) とそれ以前の分散生物地理学 (dispersal biogeography) に絡む生物体系学・生物地理学の論争へと進む。本書全体を通じて通奏低音として「分散 vs. 分断」(vicariance vs. dispersal) の論争が鳴り響く。著者は「ネオ分散主義 (neo-dispersalism)」のスタンスを一貫して標榜する。

続く第2部「Trees and Time」(pp. 113-148) では、DNA塩基配列情報に基づく分子系統樹の年代推定の理論とその有用性が解説される。著者は、本書全体を通じて、分子データと化石較正による時間スケールが刻まれた「時間系統樹 (timetree)」をよりどころとして議論を進める。確かに、多くの仮定を置かねばならないが、時間軸をもった系統樹を利用することにより、生物地理研究は格段に進んだことはまちがいないだろう。本書の後半ではその研究成果が取り上げられる。

本書の中核となるのは、次の第3部「The Improbable, the Rare, the Mysterious, and the Miraculous」(pp. 149–253) だ。マメ科やウリ科植物が海を越えて長距離分散してきたという研究事例（pp. 155 ff.）、アフリカ西部の孤島サントメ・プリンシペに生息するカエルがコンゴ川から流出した浮島に乗って海流に流されて漂着したというケース（pp. 187 ff.）、同様に、大西洋上の島に分布するアシナシイモリは距離的に近い南米からではなくもっと遠いアフリカから海流とともにやってきたという例（pp. 203 ff.）、そして、南米のサル類はアフリカから島伝いに長距離分散してきたのではないかという仮説（pp. 207 ff.）などなど、分類群を問わず、生物が示す長距離分散のみごとな事例がいくつも示されている。

最後の第4部「Transformations」(pp. 255–304) では、さまざまな長距離分散の事例を踏まえて、歴史生物地理学の考え方の根幹を再考すべきだとの著者の主張が再確認される。すなわち、1970年代以降の「分散 vs. 分断」論争は分岐学（クラディスティクス）という邪悪な学説に毒された分断主義者の悪しき〝ドグマ〟が支配する暗黒時代の象徴であり、新ミレニアムに燦然と輝く分子データのもとでは長距離分散こそ新たな data-driven パラダイムにほかならない、と。

著者の滑舌が紡ぎだす〝物語〟に感銘を受ける読者はきっと少なくないだろう。実際、本書はいくつかの新聞、雑誌、ブログなどで書評紹介されている（→書評リスト https://leeswijzer.hatena-diary.com/entry/20151217/1450583167）ところをみると、好意的に読まれているのかもしれない。

けれども、しごく雄弁な〝物語〟が根拠のある〝歴史〟であるとは必ずしもいえない。

著者は、最初から「分散vs.分断」論争を生物地理学的なプロセスの問題にすりかえている。分断主義が大陸移動のような地史的プロセスを重視したのに対し、分散主義は生物のもつ長距離移動という確率的プロセスを重視する。DNAデータに基づく分岐年代推定によれば、地史的イベントと系統発生とは必ずしも一致しないのだから、分断主義の主張には根拠がない。だから、分散主義に頼ろう——このロジックのもとでは〝奇跡〟としての長距離分散プロセスがつねに要請されることになる。長距離分散の反証可能性？　私が本書を読んだかぎり、著者はそういうめんどうくさいことはまったく念頭にないようだ。

しかし、私が理解する「分散vs.分断」論争は単にプロセスの問題ではなかった。同一の分布域をもつ複数の分類群の系統関係（種分岐図　species cladogram）が一致したとき、分断現象の存在が仮定できるのではないか。系統関係の分岐パターンが一致したときに構築できる地域分岐図（area cladogram）の上で、はじめて共通要因としての分断と個別要因としての分散が対置できるというのが、分岐学に基づく分断生物地理学の考え方の基本だった。もちろん、当時の分岐学には時間軸を導入しようという考えはなかったし、分子系統学が登場する前だったのでそのような推定をするためのしかるべき分子データがなかったという事情は勘案されるべきだろう。

幸いなことに，1970〜1980年代の分断生物地理学の後継にあたる研究分野が1990年代直前に出現した。John C. Avise が確立した分子系統地理学（molecular phylogeography）の方法論である。ミトコンドリアDNAのデータに基づいて分布域を同じくする複数の生物群の分子系統樹を推定し，それらの種分岐図を同時に説明する分断現象あるいは分散現象を探るという系統地理学の考え方は分断生物地理学の直系子孫にあたると考えてもかまわないだろう。

ところが，驚くべきことに，本書には「phylogeography」という言葉はいっさいなく，索引にも載っていない。もちろん「John C. Avise」という名前も彼の先駆的な論文（Avise *et al.* 1987）ならびにそれに続く数々の著作もまったく引用されない。この選択バイアスはいったいどうしたことか。分子データに基づく生物地理学の最先端を論じたはずの本に分子系統地理学に関する記述がいっさいないというのは現代生物地理学の歴史記述としてありえないことである。それとも，著者の見解では「分子系統地理学」はすでに過去のもので取り上げる価値すらないということか。いやいや，Google Ngram Viewer でお手軽にチェックしただけでも，その主張はあっさり反証される。現実には，「phylogeography」は「long-distance dispersal」に比べればはるかにメジャーな言葉であり，多くの研究の蓄積がある。

この異様な科学史的バイアスは、著者がネオ分散主義（neo-dispersalism）のスタンスに立って本書を書いていることを考えれば十分に納得がいく。生物体系学や生物地理学の現代史をひもとけば、いささか極端な主張どうしが衝突する論争が少なからずあった。半世紀前の生物地理学論争でも「分断のみ」vs.「分散のみ」という対立が初期の頃はあったが、１９９０年代に入ると、共通要因としての分断に対して、個別要因としての分散を位置づけるという方向に議論は収束しつつあったように私は理解している。ところが、本書の著者はまたしても「分散のみ」という極端な反動主義（20世紀前半に回帰するという意味で）を持ちだそうとしているようだ。John C. Avise の分子系統地理学は分子データに基づく分断現象の検出を目指した点で、おそらくネオ分散主義にとってはつごうの悪い理論だったのだろう（だからといって無視していいわけがない）。

科学史的に検討したとき、本書の欠点はほかにもある。たとえば、〝悪役〟として登場する Gary Nelson はかつての分断生物地理学の領袖だった。本書ではその彼がどういうわけだか汎生物地理学の Leon Croizat や Michael Heads と一緒くたにされて「分断主義者」と一括されている。ありえへんでしょ。分断生物地理学と汎生物地理学が反目し続けたことはわれわれの世代であれば当然の常識だ。また、本書のいたるところで挿入されるエピソードのいくつかは根拠があやしいうわさ話にすぎない（David L. Hull 1988『Science as a Process』を鵜呑みにするのはそろそろやめようよ)。本書を書くにあたり、著者はNelsonやMichael Headsからも直接情報を得ているのだが、それがどうしてこういう歴史記述になるのか腑に落ちない。Garyってそんなにワルいやつじゃないぞ。

また、著者は分断主義はtheory-drivenだったが、分散主義はdata-drivenだからすぐれていると言うのだが、そんなナイーヴな対比ですむわけがない。そもそも本書のよりどころである時間系統樹は分岐年代推定の精度に完全に依存している。その年代推定はほんとうに信頼していいのか。最尤法でもベイズ法でもいいけど、いったいどこがdata-drivenなのだろう。分子進化の確率モデルやパラメーターの事前分布までひっくるめればはるかにtheory-drivenではないか。それとも、オッカムの剃刀を振り回す分岐学は悪しきドグマだから叩いてもかまわないというのか。ベイズ確証理論だっておなじくらい後ろ暗いドグマじゃなかったっけ?（裏声で言いたい）

著者が本書でどのような見解を示そうが、分断生物地理学の知的遺産は現在でも生き続けている。複数の系統樹の間の対応関係に基づいて高次の進化的関連性を推測するという問題は、分断生物地理学だけでなく、host-parasiteの共進化解析やgene treeとspecies treeの解析でも共通して出現する。視野狭窄な本書ではまったく触れられていないが、単にプロセスとしての「分散vs.分断」論議を越えたところで、歴史生物地理学の方法論は既存の研究分野をまたぐ広がりを見せている。

悪玉の分断主義者＝クラディストを善玉の（ネオ）分散主義者が成敗するという「勧善懲悪物語」を心地よいと感じる読者はどこかにいるかもしれない。しかし、私が本書から読みとった顛末は、「〝物語〟イコール〝歴史〟ではなかった。以上」という身も蓋もない結論だった。これはどうやら私の独断ではなさそうだ。専門誌でのいくつかの書評（たとえば Morrison 2014, Heads 2014, あるいは Ebach 2014）のいずれもが本書の科学史的偏向を指摘している。本書を手にする読者は著者のうわべだけの雄弁さに惑わされることがないよう十分に気をつけていただきたい。

——原書は一昨年に出版されたにもかかわらず、読了したのがなんと昨年の師走で、書評を書いたのが年越しになってしまった。この遅延については個人的におおいに反省しなければならない。手にした本はさくさく読了して書評をさくさく書き記すべきだった。

［追記］本書は日本の某出版社がすでに翻訳権を取得しているので、そのうち日本語訳が出版されることになるだろう。実は私は別の出版社から本書の翻訳監修を依頼されたのだが、その出版社が翻訳権を取り逃してくれたのはま、こ、と、に、幸、い、な、こ、と、だった。

［さらなる追記（２０１７年11月12日）］２０１７年初冬に日本語訳が刊行されたアラン・デケイロス［柴田裕之・林美佐子訳］『サルは大西洋を渡った――奇跡的な航海が生んだ進化史』（２０１７年11月10日刊行、みすず書房、東京、本体価格３８００円、ISBN: 9784622086499 https://www.msz.co.jp/book/detail/08649.html）。早くも紹介記事が出ている。澤畑塁「『サルは大西洋を渡った――奇跡的な航海が生んだ進化史』大海原という障壁を越えて進出する生物たち」（２０１７年11月12日公開 https://honz.jp/articles/-/44486）。

書評者　三中信宏（２０１６年１月26日公開）※５２４１字［一部修正］

本書『*The Monkey's Voyage*』（邦訳題『サルは大西洋を渡った』）は進化生物学の最新の研究成果を踏まえて一般読者向けに書かれた本なので、厳密には専門書とは言えないだろう。しかし、その内容は現代生物地理学の研究史に裏打ちされていて、書評者である私の専門分野である生物体系学とも大きく重なっている（三中 2018c）。著者と書評者の学問的バックグラウンドが共有されている状況は、たとえば学会誌に掲載される書評論文では当たり前の状況だ。

研究者コミュニティーに共有される専門知の背景があれば、ある本にどのような内容が書かれているのかを理解することが容易になるのはもちろんだが、それと同時に、その本に〝書かれていない〟ことがらに対しても目配りがきく。ある研究テーマならば当然参照されるはずの研究に言及されず、当然引用されるはずの文献が載っていないのは著者側に何かしらの理由があるはずだろう。書評者側にある程度の背景知識があればそういう〝欠落〟のもつ意味づけをすることができる。上の書評でも私はそのスタイルを踏襲し、本書に対して学問上の疑義をさしはさんだ。

書かれていることだけを書評するのは簡単だが、書かれていないことをも書評するのは場合によってはかなりリスキーだ。なぜ書かれていないのかの理由を明示しないことには単なる〝過剰解釈（深読み）〟に過ぎないと著者に反撃される可能性があるからだ。上の書評ではかなりのスペースを割いて、この本に〝書かれていないこと〟が意図的な削除によるものであり、その結果として歴史の歪曲がもたらされていると糾弾した。

アカデミックな場での書評という〝戦場〟ではこのような論戦はけっしてめずらしくはない（日本では今でもめずらしいかもしれないが）。書評対象本に書かれていることと書かれていないことはどちらも著者の主張を形成する。書評者は事前知識で十分に理論武装した上で、書評本の文字と行間の双方をしっかり読みこむことにより、著者の主張に対する積極的支持あるいは敵対的反論のための論陣を張ることが学問的書評に期待される大きな役割となる。私が体験してきた多様な書評ワールドのなかには、書評は文字どおりの〝武器〟として使用される領域があった。書評を書くことはその〝戦い〟に参入することだった。

2-3-6．闘争の書評、書評の闘争（2）　金森修『サイエンス・ウォーズ』

書評者と著者とは旧知のこともあればまったく知らないこともある。実際、私がこれまで書評してきた数百冊の本の著者のうち直接的に面識がある率はきわめて低い。しょせん〝本〟を読むことを介してのみのつながりなので、書評者と著者が知り合いであるかどうかは書評を書く上で本質的なことではないだろう。もちろん、著者と知己を得ているのであれば、これまでの研究活動や執筆活動に関する事前の情報を踏まえた書評が書けるかもしれない。他方、あまりにその関係を強調するようであれば、いわゆる〝楽屋落ち〟のネタばらしになって一般読者はしらけるだけだろう。

書評を書くことを書評者と著者との唯一の接点とすることは、結果的に双方にとっての安全策なのかもしれない。しかし、書評が想定外の〝人間関係〟をもたらし、そのせいで厄介事が新たに生じる場合がある。私も実際にそういう経験をしたことがある。振り返ってみればそれもまた〝戦い〟としての書評の一例だったのかもしれない。ただし、後味のいい顛末ではまったくなかった。

その発端は、岩波書店が出している月刊誌『科学』に寄稿した金森修『サイエンス・ウォーズ』（金森 2000）の書評だった（三中 2001）。

【金森修『サイエンス・ウォーズ』、東京大学出版会】

科学・技術・社会の相互関係を論じる科学論は、科学的営為に関する言説をさまざまなデータから検証することであると私は考えている。確かに、本書の第Ⅲ部で詳細に論じられているように、遺伝子操作・生殖医療・優生学・エコロジー運動など生物学と社会との接点には、科学論が対象とすべき重要な問題群が生まれつつある。〝総覧的に見るなら現代の科学論（science studies）は科学史、科学哲学、科学社会学の三つの軸から構成されている〟（p. 28）と本書の著者である金森はいう。この総論に異論はない。

現代科学が引きおこす社会的・文化的・政治的な影響の広がりに関して、科学者は鈍感であってはならないだろう。それと同時に、現代科学の影響力が今後もさらに拡大と浸透を続けるであろうと予想される以上、科学と科学者の営為をできるだけ幅広い文脈の中で多角的に論じることには大きな意義がある。科学論は、新たな世紀を迎えたいま、さらに注目を集め続けるだろう。本書は、著者金森修が現代科学論の立場から最近数年間に発表した論文を集め、さらに書きおろしを加えて、上記の問題に関心をもつ読者に向けて刊行された。全体は、１９９０年代のサイエンス・ウォーズを論じた第I部、その後の経緯および関連する社会構築主義などを論じた第II部、そして遺伝子・生殖・エコロジーに関する個別事例である第III部に分かれている。

サイエンス・ウォーズに関連づけて現代科学論の紹介をするのが本書の目的であるが（p. 14）、この金森の試みはどれだけ有効であろうか。本書を通して、金森は〝現代科学論を推進する人たちと、現代科学者との間の戦争〟（p. 14）という〝サイエンス・ウォーズ〟なる一部の科学論者側に立つキャンペーンを広めようとしている。しかし、特定の歴史的事件（たとえば後述の〝ソーカル事件〟）がたとえ〝戦争〟と呼べたとしても、科学論者と科学者の間には〝戦争〟があるのだという一般化された言明との間にはさらに大きな隔たりがある。〝戦争〟があるというためには経験的なテストが不可欠である。それなしには単なるキャンペーンに堕してしまう。

科学を議論できるだけの十分な学的基盤をもつことは、現代の科学論が満たすべき最低限の条件だろう。個別科学における具体的なデータの積み上げは現代科学論の得意技である。したがって、科学論それ自体の〝科学性〟をみるためには、提示された個々の事例について詳細な検討を加える必要があるだろう。しかし、金森の依拠する科学論の問題点を議論する以前に、本書の中でキャンペーンに動員されている〝事実〟なるものを詳しく調べてみると、論拠のない単なる個人的憶測あるいは偏向的曲解にすぎないと思われる事例がいくつもある。実際、下記に例示するように、〝サイエンス・ウォーズ〟を直接論じた本書の第Ⅰ部と第Ⅱ部から、確たる論拠に欠けると思われる金森の主張を挙げることができる。

文1）〝そして事実、サイエンス・ウォーズ全体の流れを知る私たちは、そのような事件が実際にあったということを目撃している。ワイズ（Norton Wise）という科学史家がプリンストン高等研究所で科学史の職につこうとしたとき、そこの科学者たちによってたかって人事をつぶされてしまったのである〟（p. 59）ならびにこの文に新たに付加された脚注〝その報告［Chronicle of Higher Education, 16 May（1997）］には［ブルーノ・］ラトゥールがその六年前に同じ研究所に応募したとき、恐らくは同じ理由のためにうまくいかなかったという事実が書かれている〟（p. 109：［ ］は三中による補足）。しかし、金森が引用している典拠を調べると、ワイズ人事への反対票2票（全6票のうち）を投じたのは物理学者と歴史家であると書かれている。また、ラトゥール人事の場合も、本人自身が立候補を取り下げたと報告されている。けっして科学者たちが〝よってたかって〟おこなった〝人事潰し〟（p. 100）ではない。

文2）〝同じニューヨーク大学といっても、ロスはカルチュラル・スタディーズ系の学部としては国内でも評価の高い学部で、実に華やかな経歴を歩みつつあった。ところがソーカルが所属する学部は物理学系の学部としては必ずしも恵まれない学部にしかすぎないという（スティーヴ・フラー氏の証言による)。つまりソーカルの、ロスらへの激しい敵意の陰には一種の私怨が隠れていたと考えることができる〟(p. 111;〝現代思想〟誌掲載の論文を本書に収録する際に新たに付加された脚注)。

物理学者アラン・ソーカルの書いたパロディ論文(後に〝ソーカル事件〟と呼ばれる一連の議論のおおもと)は、確かにアンドリュー・ロスが編集長をしていたポストモダン系哲学誌〝ソーシャル・テキスト〟に掲載された(1996年)。しかし、その動機に〝私怨〟があったというのは金森の憶測にすぎない。むしろ、自他ともに認める〝左派〟(p. 300)として、当時のレーガン政権と激しく対立していた軍事政権下のニカラグアの国立自治大学であえて教鞭を執ったこともあるソーカルの思想信条を考慮するならば、〝私怨〟云々という解釈はもともと無理があるのではないかと私は考える。金森は〝これほど、政治的、含意の強い話題についての証言は、文献がどの陣営のものなのかを見極めたうえで立場上の偏差を割引しながらでないと正確な評価は難しいのかもしれない〟(p. 418)という。この規範をなぜ著名な科学論者であるフラーの上記証言にも適用しなかったのだろうか。金森によるデータの扱いと解釈はきわめて恣意的であるといわざるをえない。

ある主張をデータによって検証しようとすることは、科学と科学論の別を問わず、合理的論議を進める上での最低限の規範であると私は考える。しかし、上で具体的に指摘したように、立論の基礎となるデータとその解釈に信頼が置けない以上、本書においてはサイエンス・ウォーズそれ自体が、個別的事象としても一般的言明としても、実は合理的論議の対象にさえなっていないことを読者は知るだろう。

金森は、本書とほぼ同時期に翻訳出版されたアラン・ソーカルとジャン・ブリクモン著『「知」の欺瞞』（田崎晴明・大野克嗣・堀茂樹訳、岩波書店（2000））について、〝はるかに単純で単調な問題構成しかもたない〟（p. 86）として軽く扱っている。しかし、私がみるところ、『「知」の欺瞞』は金森の本には決定的に欠けている〝知的誠実さ〟のあり方について具体的かつ詳細に論じた本である。

金森が『「知」の欺瞞』ともう少しまともに向き合っていたならば、その本がまさに批判の対象としていた自然科学的概念の哲学者による権威主義的濫用について、〝その領域自体を離れて異質領域である特定の自然科学的概念を使用することは、議論に巧みな光を投げかけ生産的霊感を与える可能性をもつ〟（pp. 136-137）というような楽観的な発言は出てこなかったのではないか。霊感は、たとえそれが発見的意義をもつとしても、証拠とは異なり合理的な説得力を伴わない。霊感が得られるかどうかは、あくまでも神秘的体験の世界に属することだからである。依拠すべきは、霊感ではなく、理性だろう。

金森はソーカル事件と『「知」の欺瞞』をめぐる騒動を〝いささか傲慢で古くさい科学主義の再燃、一種の思想警察の策動〟であり〝科学論的思想動向への恐怖の発現〟と総括する（p. 299）。しかし、金森が擁護しようとする科学論のどこに怖いものがあるのだろうか。間違いを正しく指摘されたのに〝思想警察〟だとか〝選民意識〟（p. 138）などといい返すのは感情的応答にすぎない。

科学の社会構成主義（p. 205）とりわけエディンバラ学派のストロング・プログラム（p. 210）に言及した金森は、それを〝高い〝理念〟を学的目標として掲げ〟たと積極的に評価する（p. 212）。しかし、社会構成主義にみられる〝自然は科学の内容についてては小さな影響しか与えない〟（p. 240）という主張は、悪しき相対主義的思考ではなかったか。

科学哲学者カール・ポパーが〝現代の哲学的病弊〟と呼んだ相対主義に対する厳しい批判、とりわけイムレ・ラカトシュが彼の論敵かつ親友だったパウル・ファイヤーアーベントの相対主義的見解に対して投げた〝相対主義者は結局は教条主義さもなければ議論抜きの暴力に頼ろうとするのだ〟という批判（I. Lakatos & P. K. Feyerabend: For and Against Method, Univ. Chicago Pr. (1999), p. 13）が思い出される。金森の本の中にもフラーのいう科学の〝社会科学的管理〟（p. 262）への肯定的言及がみられるが、科学に対する外からの管理を目指すその意図は露骨である。

〝要するに科学者サイドの議論の作り方は、サイエンス・ウォーズという〝大事件〟が起こる契機となったこの数十年に及ぶ科学論者たちの仕事をなんら消化しえていないのである〟(p. 102)と金森は一方的に科学者を断罪する。しかし、科学者は、科学・科学論・哲学思想の別を問わず、知的誠実さのない主張に対して異議を申し立て続けてきただけである。もちろん〝科学論者たちの仕事〟もまた厳しい批判的検討を免れることはできない。1990年代以降の〝サイエンス・ウォーズ〟キャンペーンの経緯をつづった本書のレポートを読んだ読者の多くは、そういうキャンペーンを張ってきた科学論の拠り所がどこにあるのかをむしろ問い直してみたいと考えるだろう。現代科学論そのものを批判的に再考する必要性を痛感させたことが、本書のもつ大きな意義であると私は思う。

科学論を構成する科学史・科学哲学は、伝統的に知的誠実さ——すなわちデータに基づく経験的論証の明晰さを求めようとする姿勢——を規範として重んじてきた。しかし、上で具体的に指摘したように、金森の〝サイエンス・ウォーズ〟論ならびにそれを支持する最近の風潮には、この知的誠実さが見当たらない。金森は、〝その戦いが単なる心理的消耗ではなく、互いの切磋琢磨であり、科学という現代社会の最大権力の内省的運動になりうるとするなら、その種の闘いが日本でもできれば存在して欲しいと思わないわけではない〟(p. 14) と主張する。しかし、知的誠実さのないところに〝切磋琢磨〟などもともと期待できないのではないか。知的誠実さをあざ笑う相対主義的思潮は〝理性への裏切り〟という〝犯罪〟を犯しているのだとラカトシュが見抜いたのは、今から30年以上も前のことだった(上記、Lakatos & Feyerabend (1999), p. 394)。

金森の『サイエンス・ウォーズ』はたいへん興味深い本であり、手に取る機会があるならば一読をお薦めしたい。なぜなら、それは知的誠実さを欠いている点で、近年まれにみる本だからである。本書はその出版以来、日本の一部の知識人に歓迎され、著者は2000年のサントリー学芸賞や山崎賞を受けるにいたっている。しかし、科学論における言明のテストに関するきちんとした方法論的検討をしないままに、今のような〝サイエンス・ウォーズ〟キャンペーンがいつまで続くのかと考えると私は暗澹たる気持ちになる。そのキャンペーンに乗って科学論を鼓舞することは、単なる一時的流行とはなりえても、結果的に科学論のもつであろう重要な社会的意義を損なうことになるだろう。

書評者　三中信宏(2001年1月12日)※4740字[一部修正]

もう20年も前の書評だが、今あらためて読み返しても胸がすく——溜飲が下がるとまでは言わないが——文章だとあえて自画自賛したい。いわゆる「サイエンス・ウォーズ」という論争の火ぶたを切った張本人である物理学者アラン・ソーカルとジャン・ブリクモンの主著『「知」の欺瞞——ポストモダン思想における科学の濫用』（ソーカル、ブリクモン 2000）は、社会構築論を標榜するポストモダン人文科学に見られる数学・物理学などの科学の誤用と濫用を徹底的に暴露した本だった。俎上に上げられた思想家たちの誤思考・迷思考・欠陥思考を指摘し続けた『「知」の欺瞞』は、「サイエンス・ウォーズ」という流行語とは裏腹に最初から勝負はついていたことを知らしめた。

当時の科学論におけるこのような状況のなか、『サイエンス・ウォーズ』は２０００年6月下旬に東京大学出版会から出版された。間髪入れずに岩波『科学』編集部から新刊書評の依頼があり、私が書評原稿を同誌編集部に送ったのは翌月の7月28日のことだった。作業が滞りなく進めば8月に刊行される『科学』２０００年9月号に掲載予定と聞いていた。お盆過ぎの8月17日に改訂原稿を送ってあとは校正ゲラが出るのを待つばかりだったのだが、そこで予期しない大きな〝滞り〟が発生してしまった。『科学』編集部の担当編集者から連絡があり、書評掲載に関して東大出版会の担当編集者から〝横槍〟が入ったとのことだった。そのせいで、ゲラが出る直前の書評原稿はそのまま〝塩漬け〟にされてしまった。この間に、東大出版会の当時の理事のひとりから事情を訊かれたので、岩波書店と東大出版会の間でやりとりがあったことは確かだろう。放置された〝塩漬け書評原稿〟が塩抜きされて再び浮上したのは、『サイエンス・ウォーズ』が同年のサントリー学芸賞と山崎賞をダブル受賞したあとの2000年11月のことである。同月24日に改訂原稿を送り、校了したのは年明けの2001年1月8日のことだった。もちろんこれらもろもろの事態は私にとっては想定外のことだった。

今にしてつらつら考えれば思い当たる節もないではないが、実に後味の悪い一件だった。私にとって書評は〝戦い〟であると何度も書いてきたのはその事件があったからだった。中立的な内容紹介をするだけのブックレポートに徹しているかぎり〝白っぽい書評〟であれば波風を立てることはなかったかもしれない。しかし、上の書評のような批判的内容を全面に押し立てた〝黒っぽい書評〟は利害関係のある関係者にとっては都合の悪い記事とみなされてもしかたがなかっただろう。

いずれにしても、〝塩漬け〟から解除されたあとの『サイエンス・ウォーズ』書評原稿はさらなる〝黒っぽさ〟の極北を目指し、最終版の書評原稿は何の遠慮も容赦もなく切り捨てるように辛辣きわまりない文章表現になっている。日頃は温厚をもってなる私にしては別人のような〝君子豹変〟ぶりだった。それにしても、なぜ私の書評原稿が〝漏洩〟したのかは、関係者全員がすでに岩波書店や東大出版会の外に異動し、著者はもう幽明界を異にしてしまったので真相はもはやわからない（知らない方がいいのかもしれない）。

2-4. 書評頻度分布の推定とその利用

前節では、私が書評をどのように書いてきたかについて、自分の書評をいくつか例として取り上げながら説明した。その時々の状況と制約と動機に応じて、さまざまなスタイルの書評を私は書いてきた。私にとって読書の自然な延長線上にあるそれらの書評は、長かったり短かったり、賛同的だったり批判的だったり、〝白い〟こともあれば〝黒い〟こともあった。私が書評に関する〝一般論〟をあまり強く公言しないのは、それが予想以上に多様であることを身をもって知っているからだ。書評ワールドの多様性は私という一書評者のなかにさえ見られるのだから、世の中の数多の書評者たち――プロの書評家もいればアマチュアの本好きもいるだろう――が出力するおびただしい数の書評がどれほど多様であるかは想像に難くない。

書評というパーソナルな行為は確かにかくも多様なのだが、書評者ひとりひとりの立場からすれば世の中にあまた出回っている本をピックアップしては書評を書き続けているわけだ。ここで視点を著者の立場に変えてみよう。ある著者が書いた本が首尾よく出版されたとする。当然のことながら著者も担当編集者も、手塩にかけた新刊本が売れるようにとさまざまな販促活動を行なうにちがいない（出版不況の昨今は出版社だけでなく著者も宣伝に積極的に加担することを陰に陽に求められている）。

新刊の販促という点でやはり気になるのは書評だ。新聞や雑誌に新刊書評として取り上げられれば宣伝効果は（おそらく）とてもいいだろう（だから私にも出版社から献本が多々ある）。それだけではなく、オンライン書店やネット上に公開されるさまざまな書評、さらにはツイッターやフェイスブックなどのSNS上で交わされる情報も気になる。もちろん、好意的な書評やコメントを見れば著者や編集者はきっと踊りだすかもしれない。逆に否定的な文言がちらっとでも目に留まればその日一日ずっと落ち込むだろう（知らんけど）。

著者の立場で自著の書評を読むとき、褒められれば喜ぶし、けなされれば泣くのは当たり前だ。ここで注意しなければならないのは「匿名書評」というインターネット時代に大きく広がった新たな書評スタイルだ。従来的な新聞や雑誌に掲載される書評の多くは書評者の名前が付いた「署名書評」だ。一方、オンライン書店の書評コーナーやその他の書評ブログやSNSでは書評者の実名がわからない匿名書評が拡散されている。

「実名か、それとも匿名か？」というすぐさま〝泥沼化〟してしまいかねない論争に落としこむつもりはさらさらない。ただひとつだけ明白な点は、署名書評と比較したとき匿名書評の内容的な〝ばらつき（分散）〟は有意に大きいのではないかと私は日々感じている。匿名オンライン書評の場合、文字どおり〝罵倒〟のような感想文に出くわすことがある。著者によってはそういう罵倒書評を目にするたびに凹んでしまう方もいるようだ。しかし、長年にわたって何冊も本を出し、それらに対する毀誉褒貶の書評群を目の当たりにしてきた私はある防衛策を編み出している。

それはある本を対象として書かれた書評群を集積して「頻度分布」を構築するというやり方だ。頻度分布とはもともと（私の表看板である）統計学の用語だが、けっして難しい概念ではない。今ある本の書評群を好意的（ポジティヴ）なものから敵対的（ネガティヴ）なものへと一直線上に並べるとしよう。ある程度まとまった数の書評があれば、きっとその軸の中央すなわち〝平均〟あたりに多くの書評が集まって高頻度となるだろう。一方、その軸の両端には低頻度ながら極端な事例すなわち〝褒め過ぎ〟あるいは〝貶し過ぎ〟の書評が位置するだろう。

実名であれ、匿名であれ、書評集団の特性をこの頻度分布として構築すれば、高頻度エリアに集まる書評に共通する感想あるいは批判には耳を傾ける価値がある指摘が見出せる可能性が高い。他方、褒め過ぎ／貶し過ぎの書評文は統計学でいうところの異常な〝外れ値〟だから最初から無視してしまっても何ひとつ問題はないだろう。単なる外れ値にいちいち思い悩むのは精神衛生上よろしくない。もちろん、有害な外れ値の垂れ流しは積極的に叩いた方がいいのだが、たいていは聞き置くあるいは聞き流して相手にしないことにしている。

要するに、ヘンな匿名ネット書評に悩まないためにも、著者は「書評頻度分布」をつくり、自著への書評や感想がどんなばらつきをしているかを確認しようという提案だ。

2-4-1．書評執筆実験の試み――岡西政典『新種の発見』を素材として

著者のスタンスから書評群を読み解くツールとして〝書評頻度分布〟という考えを上で提案した。もちろん、頻度分布とはいっても、厳密な統計分析を念頭に置いているわけではないので、定量的というよりはむしろ定性的な〝ものの考え方〟と解釈していただきたい。要点は、同じ本に対して書かれた書評は多かれ少なかれ〝ばらつく〟という事実だ。そのばらつきの特徴をとらえる目的で、以下ではある〝書評執筆実験〟を行なう。それは基準となるひとつの書評に対して強制的に〝ばらつき〟を与えた仮想書評を作文する実験だ。

この書評の執筆実験を通して、書評の頻度分布の具体的なイメージをかたちづくることができるだろう。実際の書評ワールドでは多くの実名あるいは匿名の書評者が書評を公表しているが、この実験では私ひとりがばらつきをもつ仮想書評を作文する。この実験の素材としては岡西政典『新種の発見――見つけ、名づけ、系統づける動物分類学』（岡西 2020）を取り上げよう。本書の読売新聞書評――以下「書評［公］」と記す――はすでに紙面掲載されている（三中 2020c）。署名入り書評であるこの「書評［公］」は私が書評者として責任をもって公開した文章である。

――書評［公］――

《分けて名づけるパトス》

生物界の多様性は人を魅了してやまない。新たに発見された〝新種〟の生物には、専門の分類学者たちの手で厳密な命名規約に準拠したラテン語の正式名称（学名）が与えられる。動植物の分類や命名という一見地味なこの分野には意外にも一般読者を惹きつけるものがある。実際、数年前から独語圏や英語圏では〝新種〟生物の記載と命名の歴史秘話をたどる新刊が相次いで出版されていることからもそれはうかがえる。

動物分類学の現在を自伝的に紹介した本書もまた読者をぐいぐい引き込む。著者の専門は深海性の棘皮動物クモヒトデに属する「テヅルモヅル」だ。やたら長い触手がうねうねとからみあう得体の知れないこの生物の名前（和名）はいったん耳にしたら忘れることはできない。やはりネーミングは大切だ。

国内外の海に潜ったり博物館を巡り歩く話はもちろん楽しいが、著者のもくろみはむしろ分類学のおもしろさを伝えることにある。生物分類学とはそもそもいかなる分野なのか、進化学・系統学の最先端の知見は分類体系の構築や〝新種〟の発見にどのように役立てられるのか。著者自身の体験を踏まえた語り口はこの分野のありのままの姿を伝えている。〝新種〟の発見と命名に心血を注ぐ若き分類学者ならではの〝パトス〟が行間からにじみ出る。

著者は繰り返し「分類学は科学である」と強調する。しかし、つい最近『ズータクサ』という有名な動物分類学の国際誌から、学術雑誌の影響度を測る尺度「インパクト・ファクター」が剝奪されるという事件が起こった。これは分類学の地位を不当に貶める〝学問的迫害〟だと評者はみなしている。分類学はもはや科学とはみなされなくなったのか。ここはやはり、ステレオタイプな既存の科学像にもはや義理立てせず、次世代の分類学は典型科学とは〝別種〟の科学であるという矜持を示すべきではないだろうか。分類学固有の〝ロゴス〟はそこから始まる。

書評者　三中信宏（2020年8月2日掲載）※803字

すでに説明したように、すべての書評には「ブックレポート型かどうか」「長いか短いか」「賛同的か敵対的か」などの特性軸が設定できる。読売新聞の「大評」はもともと約800字の字数制限が設けられているので、「長いか短いか」の特性パラメーターはあらかじめ固定されているとしよう。具体的には書評

の字数は同一にそろえることにする。また、字数が少ないため「ブックレポート型かどうか」についてもほぼ固定されているとみなして問題はないだろう。したがって、残る「賛同的か敵対的か」という特性が可変パラメーターであると仮定できる。

今、上の「書評［公］」とは別に『新種の発見』の仮想書評をふたつ示そう。一方の仮想書評——「書評［賛］」と呼ぶ——は本書に対する極端な賛同的立場から書かれた書評である。

——書評［賛］——

《分類学の未来は明るい》

タイトル「新種の発見」は読者の心をつかむキャッチコピーだ。これまで知られていなかった生物を発見し新種として記載する分類学の成果はときに新聞の紙面を飾るだけのニュースバリューがある。本書は、生物多様性を研究分野とする分類学が、現代科学のひとつとしてどのように営まれているのかを描いた話題作だ。

海産動物のテヅルモヅルを長く研究してきた著者が物語るフィールドワークでの冒険譚と新種発見秘話は読者をわくわくさせる。かつての探検生物学盛んなりし時代を髣髴とさせる地道な博物学的研究が現在でもなお生物多様性研究の基礎であることを再認識させられる。本書ではテヅルモヅルの他にもサザエやショウジョウバエ、そしてクマムシなど身近な動物をめぐる分類についての話題が取り上げられていて、ストーリーテラーとしての著者の力量を強く感じさせる。

しかし、本書の本領は科学としての分類学の位置づけだ。新種記載の基盤となるタイプ標本は世界中の博物館に保管されていて、それを見るためにはわざわざ出向かなければならない。また、厳密で複雑な命名規約に準拠して新種の学名を命名し、最終的に原著論文として出版するまでの苦労が語られる。新種の記載とは科学的な仮説の提唱であり、さまざまな情報を総合して真実の分類体系を究明することが分類学の科学としての使命であるとする著者の主張には深くうなずくしかない。

とても残念なことに、分類学は現代科学のなかでは必ずしもその価値を正しく認められているわけではない。分類学者そのものも分類群によっては〝絶滅〟が危惧されているほどだ。そのような学問的苦境にもかかわらず、分類学のリアルを描く本書はこの学問の将来を明るく照らす。本書を読んでさらに興味が湧いたならば、同じ著者による『深海生物テヅルモヅルの謎を追え！——系統分類学から進化を探る』（東海大学出版部）をおすすめする。

書評者　三中信宏（2020年8月21日）※803字

上の「書評［賛］」は、内容紹介（ブックレポート）に重きを置きつつ、分類学は現代科学の基準に照らしても十分な科学的地位をもつとする著者の主張を全面的に支持する。「心をつかむ」「話題作」「著者の力量を強く感じさせる」など肯定的フックを散りばめつつ、書評読者をポジティヴに〝ナッジ〟する――「それとなくほのめかす、軽く誘導する、という意味」（那須・橋本 2020, p.3）――のは賛同的書評によく見られる戦略だ。この「書評［賛］」が帯びる一見軽やかで明るい雰囲気（〝白っぽさ〟）を感じ取ってほしい。しかし、この手の〝白っぽい〟書評は批判的スタンスをまるでもちあわせていない。あからさまな翼賛書評を鵜呑みにするのは禁物だ。書評者のかけた口当たりのいい呪文にまんまと籠絡されてはいけない。

さて、次に示すもう一方の仮想書評――以下「書評［敵］」とする――は、上の「書評［賛］」とはまったく正反対に、本書『新種の発見』に真っ向から敵対する観点からの書評である。

――書評［敵］――

《分類学の未来は危うい》

評者は「新種の発見」という書名を見たときから嫌な予感がしていた。

確かに、テヅルモヅルなる珍妙な海産動物を専門に研究してきた著者が、未知の新種を発見すべく世界中の海をめぐるアドベンチャー・トークは読者を惹きつけるにちがいない。ネイチャーものの番組が人気を博するのとまったく同じ理由で、見知らぬ自然を冒険する話は誰がしたって楽しいと相場は決まっている。見るからにヘンな生きものがキャッチーなのは当たり前で、それで読者を釣ろうとするのは陳腐きわまりない。

しかも、著者自らが言うように、本書の真の目的は「分類学の科学性」を読者に伝えることにあったはずだ。にもかかわらず、評者が一読したかぎり、著者はその〝公約〟を何一つとして果たしていない。著者はある生物を新種として命名することは「科学的な仮説」を提唱することにほかならないと言い張る。はたしてそうだろうか。種あるいは高次分類群としての認知が文字どおり反証可能な仮説であるという主張には評者は強い疑念を覚える。

また、著者は生物分類学の究極の目標は「真実の分類体系」を構築することであると言う。しかし、真実の分類体系などそもそもあり得るのだろうか。現在の分類学に何らかの科学性があるとしたら、それは単に系統推定論の論理におんぶしているだけではないか。系統学や体系学のロゴスにただ乗りして、単なるパトス頼みの分類学を擁護するなど盗っ人猛々しいかぎりだ。

私の知人の昆虫学者はかつて「分類学ってまだ科学を名乗っていたんですか」と言い捨てた。分類学が科学であるとしたらそれはどのような科学なのか？　著者はこの問いかけに何ら真剣に向き合おうとはしていない以上、分類学の将来像など描けないではないか。こんな看板倒れの新書を運悪く手に取ってしまった読者には「ご愁傷さまでした」と慰めの声をかけるしかない。羊頭狗肉にもほどがあるだろう。

書評者　三中信宏（2020年8月21日）※803字

この「書評［敵］」に見られる罵倒的スタイルはややくわしく吟味する価値がある。冒頭行の「嫌な予感」という言葉は潜在的読者層を本書から早々と遠ざけるネガティヴな〝ナッジ〟として威力を発揮するだろう。続くパラグラフでは、本書の魅力となるはずの著者のフィールドワーク談義をそれとは無関係な一般論にからめて「陳腐」として貶める。これもまた読者にマイナスのイメージを植えつけるにちがいない。以下の部分でも「盗っ人猛々しい」「看板倒れ」「羊頭狗肉」など、ことさらに罵倒的な（すなわち〝黒っぽい〟）文言を並べることにより、読書意欲を削ぐ効果を狙っていることは明白だ。この「書評

［敵］」のような底意地の悪い遺恨のこもった〝黒っぽい〟敵対的書評――書いた張本人の私でさえ気分が悪くなりそうだ――もまたまじめに相手する必要はどこにもない。

一般には、ある本に対して可能な〝書評空間〟はもっと大きいにちがいない。そして、仮想母集団としての〝書評空間〟のおそらくごく一部だけが現実に書かれて公表される書評群だろうと私は推測する。上に示した書評執筆実験は、『新種の発見』という一冊の本を素材として、どれほど大きな〝ばらつき〟をもつ書評を書くことができるかを私自身を〝検体〟として実験した結果だ。もちろん、その実験は、賛同的／敵対的というひとつの特性軸に沿って〝書評パラメーター〟を動かして得られたシミュレーションの試行に過ぎない。心地よい〝実験室内〟から過酷な〝野外環境〟に出たとき、著者が思いもよらない〝外れ値〟の書評たちにたびたび遭遇することが実際にある。そのような試練に直面してもなおたくましく生き延びるすべを著者たちは手に入れる必要があるだろう。

2-4-2. 頻度分布からわかること――書評の平均と分散と外れ値

書評頻度分布の〝サバイバル・ツール〟としての必要性は〝野外〟の書評ワールドに身を置くと痛感する。たとえば、私が出した『系統樹思考の世界――すべてはツリーとともに』（三中 2006）では、出版直後から各種メディアに掲載されたり公開されたりした書評や感想を頻繁に検索して、書評サンプル集団をつくる試みを十年余り続けた。その結果、サンプリングされた書評の総数は200を優に超えるにいたった（三中 2006–2018）。同様に、その後に出版された『分類思考の世界――なぜヒトは万物を「種」に分けるのか』（三中 2009）でも長期にわたる書評追跡を行ない、百余りの書評サンプルが得られた（三中 2009–2018）。これくらいのサンプルサイズがあれば、かなり信頼の置ける書評頻度分布を構築することができるだろう。

私が過去に書いたこれらの本に対するさまざまな書評や感想を並べてみると、必ず奇矯な〝外れ値〟が見出される（とりわけ匿名オンライン書評ではその頻度が高いようだ）。外れ値の出現そのものは著者側では制御できないが、外れ値への対処のしかたは主体的に決めることができる。そのためには、サンプリングされた書評の頻度分布の〝平均〟と〝分散〟を見た上で、そこから推定される仮想的な書評母集団の全体的傾向（位置パラメーターと分散パラメーター）がどうなのかに注目すればいい。その頻度分布の推定さえできていれば、分布の端に位置する〝外れ値〟などまったく無視しても痛くも痒くもない。ひとつひとつの書評に一喜一憂するのではなく、書評データを集積して根拠のある〝頻度分布〟を構築するべきだ。

書評サンプルから構築された頻度分布のかたちからは〝平均〟と〝分散〟を推定することができる。ここで比喩的に用いている〝平均〟とは多数の書評に高い割合で共有される評価あるいは批判を指す。また〝分散〟とはサンプルされた書評間の内容のばらつきである。本の書き手である私にとってこの書評頻度分布の平均と分散こそ第一義的に重要であり、個々の書評は頻度分布の背景のもとで初めて意味をもつ。たとえば、書評頻度分布の平均がきわめて低い評価だったならば、私はよほどひどい本を書いてしまったと反省するしかない。それほどでなかったとしても、複数の書評がたがいに独立に共通の問題点や欠点を指摘したならば、それらの箇所は真剣に再考した上で増刷の際にはしかるべき加筆修正をしなければならないだろう。

その一方で、過度に賛同的なあるいは逆にあからさまに敵対的な書評はその書評頻度分布の平均や分散から見てごく低頻度でしか出現しないだろうから安心して無視できる。心臓に毛が生えたような著者であったとしても、罵倒語はそのひとつひとつが刺のように突き刺さり精神の安らぎをかき乱すにちがいない。褒め殺しのような賛同的書評も著者をかえって不安にしてしまうかもしれない。しかし、信頼できる書評頻度分布のもとでは、そういう〝外れ値〟の書評を平気で公開する書評者は、逆に著者や他の読者によって客観的かつ冷厳に逆評価されることになると思い知るべきだ。もちろん、私の主張は書評者の人格そのものを外れ値とみなしているわけではなく、書いた文章や発言した文言のみについて〝外れ値〟かどうかを問題としている。発言や文章に対する同意や批判は人格に対するそれとは何の関係もなく、両者ははっきり切り離さなければならない。

2-4-3．書評者は著者と読者にいつも評価されている

書評者はその定義により「書物を評価する人」だ。私もこれまでずっと趣味としてあるいは仕事としていろいろな書物を評価してきた。しかし、本を評価する側の書評者は、同時に、自らが書いた書評を通して評価される側にもなる。著者（あるいは読者）は書評を通して働きかけてくる（あるいは〝ナッジ〟してくる）書評者の書評傾向について、上述の書評頻度分布を通じて事前に評価することができるのではないだろうか。

拙著『分類思考の世界』（三中 2009）の書評頻度分布を見ると、私の書く文体（スタイル）に対する好みで評価が大きく割れていることが見て取れる。その本は講談社現代新書の一冊として出ているが、私の場合、新書であろうとも文献リストと索引を付け参照資料としての価値をもたせるように留意している。世の中には2時間もあれば全部食べきれる〝流動食〟みたいな新書もたくさん出回っているので、読者のなかには〝うっかりまちがって〟拙著を買ってしまい、あまりの読みづらさに文句や罵倒を返してくる書評者も少なくない。「すいませんねえ、お口に合わなくて」とつぶやくしかない。

また、アマゾンのようなオンライン書店のネット書評には、拙著に対してときどきどうしようもない〝罵倒系〟の口汚い書評が公開されていることがある。しかし、実名・匿名の別なく、オンライン書評だ

からといって勝手なことを書けば、逆に自らが評価対象になるのは必定だ。実名の場合はもちろんのこと、匿名であったとしても、ネット検索をかければ同一著者がどういう傾向の書評を書いてきたかは一目瞭然でわかってしまう。それらの事前情報（ベイズ統計学的に言えば「書評事前分布」）を利用すれば、ある書評者がある本に対してどのような書評を書きそうかという事後予測を個人的に行なうことは不可能ではないだろう。事前確率的に〝罵倒系〟書評を頻繁に書いてきた書評者は、私の本に対してもそういう書評を書く事後確率は高そうだと個人的に推測できる。その場合は、かなり確信をもってその書評者を〝外れ値〟と指定して排除すれば被害はきっと少なくなるだろう。

少なくとも私にとっての書評とは書くのも読むのも〝自分ファースト〟なので、利己的観点から有害でしかない〝外れ値〟の書評には何の価値も認めない。それは他人の意見にいっさい耳を貸さないという偏狭な態度ではけっしてなく、むしろ信頼できる書評分布のデータベースを踏まえた合理的な意思決定だと私自身は考えている。書評者が好き放題に書き散らせるパラダイスはこの世のどこにもない。月夜の晩ばかりではない。

2-5. 書評メディア今昔――書評はどこに載せればいいのか

この楽章の最初に書いたように、私はこれまでさまざまなメディアで書評記事を公開してきた。現在では、紙として発行されるさまざまな新聞や雑誌だけでなく、電子的に公開されるウェブサイトやブログでの書評記事も少なくないので、私もこれらのメディアを頻繁に利用している。ただし、紙で出る新聞・雑誌に比べて、電子版の書評メディアに関しては、インターネット上の書評記事URLが実際にアクセスできるかどうか（すなわち「デッド・リンク」でないかどうか）の保証はないので、参照するときには十分に注意しなければならない。

永続性という点では問題が無きにしもあらずの電子媒体が書評メディアとして普及する一方で、紙媒体での書評の場は残念なことにじりじりと狭まっている。とりわけ、いわゆる〝理系〟の「横書き本」は〝文系〟の「縦書き本」に比べて主要新聞に書評が掲載される機会が明らかに少ない。その理由ははっきりしていて、書評対象本の選定の段階ですでに「横書き本」がリストに上がる頻度が低いからだ。そして、新聞書評が出そうにない「横書き本」を出している〝理系〟の出版社は最初から書評候補新刊を新聞社に送らないという悪循環が生まれているようだ。書評専門の新聞である『図書新聞』も〝理系／文系〟の比率で言えば、圧倒的に〝文系〟に偏っている。

新聞がだめなら雑誌はどうか。確かに岩波書店の『科学』や日本経済新聞社の『日経サイエンス』など、伝統的に自然科学系の新刊書評記事を載せてきた雑誌はある。しかし、科学雑誌は長期的に見ればその退潮は否定できず、前世紀後半からは『自然』『アニマ』『科学朝日』『インセクタリウム』など名だたる雑誌が次々に休刊・廃刊に追いこまれていった。

農文協から発行されていた『生物科学』誌が2019年をもって休刊となったときに、中央大学後楽園キャンパスで『生物科学』70周年記念講演会〈生物科学の70年から日本の生物学を考える〉が開催され、私も演者のひとりとして登壇した。演題「ナチュラルヒストリー書評誌として『生物科学』が果たした役割」という話題提供の要旨は以下のとおりだ（三中 2019）。

「ほんとうに残念なことに、いまの日本では一般向けの自然科学系の書籍や雑誌が目に見えて先細りしつつある。いわゆる〝理系〟の出版は、書いて支える著者、出して支える出版社、そして買って支える読者の三本柱があって初めて成り立つ。大学にせよ国研にせよ、現在の生物学系研究者が置かれている状況をかえりみれば、一般書を書く動機づけや時間的・精神的な余裕がほとんどなくなっていることに気づかされる。原著論文と一般向け書籍では〝流れる時間〟がもともと異なっている。論文を書くときの「微分主義」的なスタンスと、本を書くときの「積分主義」的な立ち位置では大きなちがいがあるからだ。現役の研究者としてキャリアが存続するかぎり、累積的な「積分範囲」はどんどん大きくなり、結果として自らを客観的に鳥瞰できるようになる。過去の研究の蓄積を踏まえた将来の可能性への著者なりの展望を読み取る上で、体系的にまとめられた書籍の強みと魅力は何物にも代えがたい。『生物科学』誌は長年にわたってナチュラルヒストリー分野の新刊書の書評を多数掲載してきた。日本の多くの新聞書評では〝理系〟の本が書評に取り上げられることはきわめて少ない。そのアンバランスを矯正する役割りを『生物科学』は地道に担ってきたことはもっと評価されるべきだろう」

たまたま私が読売新聞の読書委員を引き受けて間もなくの時期だったので、書評掲載メディアという観点から『生物科学』誌の意義を強調した。今の日本では年間7万点もの新刊が出版されているという。その新刊の洪水のなかから、もともと出版点数そのものが少ない〝理系〟の新刊を見つけ出して書評をするのは一期一会の幸運である。にもかかわらず、たとえいい自然科学系の新刊が出てもそれらを紹介あるいは書評する〝場〟そのものが消えていくというのは歯がゆいかぎりだ。

2-6．おわりに——自己加圧的〝ナッジ〟としての書評

本を読み終われば書評を書く——この〝息を吸っては吐く〟の繰り返しを何十年も続けてくると、書評を書くことは私にとって生きることの一部になる。何万字もの長大な書評を書いたこともあれば、最近ではツイッターの140字以内におさまる感想メモをつぶやくこともある。どんな書評を書き、どのメディアに流すかは時代によって変遷してきた。ひとつひとつの書評を取り上げればごく些細な感想やコメントに過ぎないことも多々ある。しかし、長年にわたって自分のために書評を書き続けてきたことは、利己

的に見ればいくつかの点でとても有益だった。

第一に、書評は読書後の備忘メモであること。断片的な備忘のためには、第1楽章で述べたとおり、付箋を貼ったりマルジナリアにメモ書きすればいい。しかし、それらをいったん書評の形式でまとめることにより、自分の読書記憶は体系化されかつ強化される。さらに、書評本からの引用文まで含めれば、詳細な読書記録になる。われわれ人間の脳はそんなにたいしたスペックはないので、どんどん本を読んでも悲しいことにどんどん忘れてしまうものだ。しかし、書評形式で読後メモを残しておきさえすれば、たとえその本のことが忘却の彼方に消え去ってしまっても、何かの機会に目に留まれば、紅茶に浸したマドレーヌのように、かつての読後感をありありと脳裏に呼び戻すことができるだろう。

第二に、書評は書物資料として利用できること。実際、本書を書くにあたり、私はたびたび自分の書評サイト〈leeswijzer〉（三中 2005–現在）のお世話になった。役に立つから長続きしたのではなく、長続きしたから役に立つ。15年以上にわたりほぼ毎日書き続けてきたこの書評サイトは私の読書人生そのものだ。他のどの図書館の検索サイトを調べるよりも、私のサイトを検索した方が役に立つことが多い。自分用にパーソナライズされた〝図書館〟そのものだから当然のことだ。今もこの書評サイトは成長し続けている。

第三に、書評を書く自分自身を分析できたこと。書評を書き始めた初期は比較的すなおで〝白っぽい〟ブックレポート的書評が多かったように記憶している。しかし、読書量が増えて、専門分野での自分なりの「内なる図書館」(バイヤール 2008, pp. 94-95; くわしくはインターリュード(2)参照)が拡大するとともに、批判的で〝黒っぽい〟書評もしだいに書けるようになった。書評の〝白っぽさ〟と〝黒っぽさ〟は軸の両端で対立するものと考えるのが単純でわかりやすいが、私の場合はもうちょっと複雑だ。自分の書いた書評を自分で読み直すと〝白っぽい〟レイヤーと〝黒っぽい〟レイヤーがいつも同時に重なっているからだ。一見〝白っぽく〟見えても行間をよく読めば〝黒っぽい〟ものが見えたり、その逆もあったり。これればかりは〝ワルみなか〟特有のひねりが入った文体なので治しようがないのだが。

このように、書評を書くことは私にとっては呼吸と同じくらい自然な行為なのだが、世の中を見回すと必ずしもそうではないようだ。たとえば、民俗学者である赤坂憲雄は書評集『書評はまったくむずかしい』(赤坂、2002)のなかでこのように独白している。

「この国のジャーナリズムの世界では、書評は書物の批評を意味するわけではない。批評など、誰ひとり期待していない」(p. 11)

「なるべく波風の立たない、お茶を濁すだけの書評を心掛けるようになる。そうして、さらに書

評からは、面白味やスリリングさといったものが欠落してゆく」(p. 17)

「書評がこれほどに、労多くして報われぬ仕事であることを知る人はたぶん、いたって少ない」(p. 18)

いやはや著者の業界では書評することは気苦労を背負いこむことと同義なのだろうか。一方で、国文学者・谷沢永一の大著『紙つぶて――自作自注最終版』(谷沢 2005)は褒めては貶す書評の数々で1000ページを埋め尽くした。人文系の書評ってなんだかたいへんだなぁと同情してしまう。

私の書評は自分のためにあるので、気になる本やおもしろい本はとりあえず書評を書く。その本のことを忘れてしまっても、後に書評に出会えればまた元の本をひもとく意欲が湧くだろう。自分の書評を見てその本を開く気になるというのは、自分で自分を〝ナッジ〟しているということではないだろうか。〝ナッジ〟という概念はもともと他者に対する働きかけを含意している。しかし、存在論的に見れば〝今日の私〟は〝昨日の私〟とは別々なのだから、過去の私が書いた書評が現在の私を〝ナッジ〟すると解釈しても特段の不都合はないだろう。そういう時間軸に沿った〝自己加圧的ナッジ〟の能力が私が書き続けてきた書評に潜んでいると考えるのはとても興味深い。もちろん、その〝書評ナッジ〟が自分だけではなく、私の書評を読んだ他の読者に対しても何らかの作用を及ぼすとしたらそれはそれで私にとって望外の喜びだ。

古生物学者にしてエッセイストでもあったスティーヴン・ジェイ・グールドの書評集『嵐の中のハリネズミ』（グールド 1991）は、アメリカの有名な書評誌『*The New York Review of Books*』に彼が寄稿したいずれも長文の書評記事がもとになっている。この本を翻訳した渡辺政隆は訳者あとがきでこう記している。

「それにしてもうらやましいのは、これらの書評誌が個々の書評に割いているスペースである。わが国の新聞、雑誌に読書欄は必ずあるが、そこに掲載される書評の字数は、どれもみなあまりに少ない。たいていの新聞が採用している八〇〇字あまりの原稿では、新刊案内の域を出なくてもしかたないのかもしれない。もっとも、たくさんのスペースが割り当てられるとなると、逆に書評者の力量が問われることにもなるわけだが……」（p. 358）

それから30年が経った現在も状況はたいして好転してはいないようだ。読売新聞書評の場合、大評で約800字、小評で約500字、ヴィジュアル評にいたっては400字を下回る厳しい字数制限がある。読書委員を引き受けた当初はこの制約がとても窮屈だったのだが、そのうち慣れてくるようになった。しかし、いくら慣れたとはいえ窮屈は窮屈だ。海外の書評誌・書評紙のデフォルトの長さと比較すれば彼我のちがいはあまりに大きい。

せめてもの対処として、私が読売新聞書評を書くときは、一週間後にそれがネット公開された時点で、紙面掲載時に削らざるを得なかった文章や関連する書誌情報やインターネット資源なども含めて、私の書評ブログでもう一度打つようにしている。それが読者のためなのか、それとも私のためなのかは、もう言うまでもないことだろう。書評は人の為ならず。

インタールード（2）「買う」――本を買い続ける背徳の人生

1．自分だけの〝内なる図書館〟をつくる

私の〝蒐書癖〟は、その昔、中書島遊廓のある街の片隅で、廃品回収の古書の山に登ってはひとり探書し続けた子ども時代に染みついてしまったまま、半世紀を超えた今もなお治癒する兆しがない。長年にわたってこつこつと買い続けた本は、今や私の居室の大きな本棚を埋め尽くし、机や床にまでその版図を広げ、私の仕事場を大きく侵食しつつある。読売新聞の読書委員だった頃に定期的に選書した書評候補本を含めて、方々からご恵贈いただく本がさらに大量に降り積もる。その景色を見ながら満足している以上、私の〝病状〟はかつてよりもむしろ悪化しているのかもしれない。いずれにしても、行く末のことを考え

ずに本に囲まれているかぎり私は心安らかな日々を過ごせる。

もちろん、世の中には私など足元にも及ばない〝蒐書家〟が多々おられる（大屋 2001a, b, 2002, 2003; 草森 2005; 紀田 2017）。蔵書が崩れて身動きがとれないそういう方々と張り合おうなどというおこがましいことは考えたことがない。個人の蒐書はたがいに競い合ったりするものではないからだ。そもそも利己的な蒐書人生において他人の存在は視野に入りようがない。他人のことがあれこれ気になるよりも先に、もっと本を。この本が手に入ったら、次はあの本を探さないと。行けども行けどもはてしない本の道はどこに向かっているのだろうか。

ピエール・バイヤールの本『読んでいない本について堂々と語る方法』（バイヤール 2008）は、そのいささか挑発的な書名とは裏腹に、本を蒐めて読むことの意味について真剣に論じている。ある本を〝読む〟ということは、実はその本だけを読んでいるわけではなく、その本を取り巻くある文化的コミュニティーを解読することに等しいと著者は述べている。つまり、著者の言う〝読む〟という行為は、単にある特定のトークン本を〝読む〟ことではない。そのトークン本を含む、より上位の〝本の集合体〟があって、初めて個々のトークン本は正しく位置づけられると著者は主張する。それだ。私が本を読むときには、そして書評を書くときには、その本を取り巻く世界を〝丸ごと〟読み取りたい。

ある本をその周囲まで含めて〝丸ごと〟読むとはどういうことか。著者バイヤールはこの〝本の集合体〟のことを〈図書館〉と名づけ、たがいに関連する次の三つの概念を提出する。

・**共有図書館**　「ある本についての会話は、ほとんどの場合、見かけに反して、その本だけについてではなく、もっと広い範囲の一まとまりの本について交わされる。それは、ある時点で、ある文化の方向性を決定づける一連の重要書の全体である。私はここでそれを〈共有図書館〉と呼びたいと思うが、ほんとうに大事なのはこれである」(同、pp. 25–26)

・**内なる図書館**　「この書物の集合体を、私は〈内なる図書館〉と呼びたい。それは〈共有図書館〉の下位に分類されるべき集合体で、それにもとづいてあらゆる人格が形成されるとともに、書物や他人との関係も規定される」(同、pp. 94-95;脚註16)、「〈内なる図書館〉とは、私が本書で導入する三つの〈図書館〉のうちの〈共有図書館〉につづく二つ目のもので、個々の読書主体に影響を及ぼした書物からなる、〈共有図書館〉の主観的部分である」(同、p. 95;脚註16)

・**ヴァーチャル図書館**　「書物に関する——いや、より一般的に、教養に関する——このコミュニケーション空間を〈ヴァーチャル図書館〉と呼んでもいいだろう。これはイメージ(とくに自己イメージ)に支配された空間であり、現実の空間ではないからである」(同、p. 155;脚註14)、

「〈ヴァーチャル図書館〉は私が本書で導入する〈図書館〉のうちの三つ目のタイプで、書物についての口頭ないし文書で他人と語り合う空間である。これは〈共有図書館〉の可動部分であって、語り合う者それぞれの〈内なる図書館〉が出会う場に位置している」（同、p. 155；脚註14）、「このヴァーチャルな空間は騙し合いのゲームの空間である。その参加者たちは、他人を騙す前に自分自身が錯誤に陥る」（pp. 187–188）

今、ある科学分野をこれから初めて学ぼうとする学生をイメージしてみよう。その学生が勉強を開始するとき、おそらくは定評のある〝教科書〟を頼りにその分野の基礎知識を学ぶことになるだろう。その教科書は、大きく見渡せば、バイヤールの言う〈共有図書館〉の中心的な一冊にちがいない。それと同時に、その本は、視野を絞れば、その学生にとっての〈内なる図書館〉の最初の一冊でもあるはずだ。その後、〈共有図書館〉を構成する他の類書を何冊も読み進むとともに、パーソナルな〈内なる図書館〉はしだいに充実していくにちがいない。しかし、〈共有図書館〉にはもっとたくさんの未読本がずらりと並んでいる。そして、同様の学習を経験してきた他の学生たちと議論したり、論争を闘わしたりする機会があれば、そこで〈ヴァーチャル図書館〉が形成されることになる。

このように考えると、バイヤールの言う三つの〈図書館〉とは、ある分野の体系的な専門知を得る過程で書物（群）が位置づけられる異なる三つの〝場〟——本がかたちづくる複層的なコミュニティー——

と解釈できる。〈図書館〉の構成要素である個々のトークン本はそれらの〈図書館〉という〝場〟のなかでのみ意味をもつことになる。

「問題なのはけっしてしかじかの書物ではなく、ひとつの文化に共通する諸々の書物の全体であって、そこでは個々の書物は欠けていてもかまわない。つまり、〈共有図書館〉のしかじかの要素を読んでいないと正直に認めていけない理由はどこにもないのである。その要素を読んでいなくても、〈共有図書館〉全体を眼下におき、〈共有図書館〉の読者のひとりでありつづけることはできるからだ。この全体が個々の書物をとおして顕現するのであって、個々の本はいわばその仮の住まいにすぎない」（同、p. 146）

ある研究分野の勉強を進めていくとき、学習者はいわゆる〝必読書〟と銘打たれている書物群を知ることになるだろう。時代によってその〝必読書〟の中身はもちろん変遷するわけだが、それらがつねにすべて読まれているとはかぎらない。

たとえば、生物分類学を学ぶときには、まちがいなくカール・フォン・リンネの『自然の体系〈*Systema Naturae*〉』の初版（1735）あるいはその後の第10版（1758）への言及があるはずだ。それは学名の命名規約の基準となる著作なので、生物分類学の〈共有図書館〉のなかでもきわめつけの重要書である。しかし、リンネの『自然の体系』は書名を知っていても、ラテン語で書かれたこの書籍を〝実際に手にして〟かつ〝ちゃんと読んだ〟研究者はほとんどいないのではないか。進化生物学の古典であるチャールズ・ダーウィンの『種の起源（*On the Origin of Species*）』は1859年に初版として1250部が売られ即日完売となった。その超稀覯本を〝実際に手にして〟〝ちゃんと読んだ〟進化学者もこれまたほとんどいないにちがいない。

もちろん、原書初版の本を手にしないことを責めているわけではない（たいていの場合、それは途方もなく困難だから）。しかし、リンネやダーウィンの本はその後に版を重ね、現在では電子化公開もされているので、アクセシビリティという点では今や誰もが読める文献であるはずだ。そういう代替手段があるにもかかわらず、なお彼らの本は今なおほとんど研究者には読まれていないのではないだろうか。それらの〝古典〟はいわば〝神棚〟に上げられたまま〝下界〟には降りてこない本と一般にみなされている。つまり、〝読まなくても中身はすでにわかっている本〟か、あるいは逆に〝いくら読んでもぜんぜんわからない本〟という特別扱いだ。この点で誤解がないようにしたい。それらを〝読む必要がない本〟ということではけっしてない。生物分類学や進化生物学の〈共有図書館〉の部分集合であるパーソナライズされた〈内なる図書館〉がしっかり構築されているならば、たとえ『自然の体系』や『種の起源』を直接的に読まなかったとしても、そこに何が書かれているかについては信頼の置ける知見を他の類書から十分に得ることが期待されるという意味だ。

おそらく、「自分の研究分野の重要著作を全部読んだと胸を張れるか?」ときびしく問い詰めれば、ほとんどすべての研究者は口ごもるだろうと私は推測する。そのとき、実質的には「全部読まなくてもやっていける」ことがわかっているのならば、どうしてその認識がもっと広まらないのか。著者バイヤールは、そこには読書をめぐる文化的な〝しばり〟がいまだに強いからだと指摘する。

「しかじかの本を読んでいないと認めつつ、それでもその本について意見を述べるということの態度は、広く推奨されてしかるべきである。この態度は、先の例からも分かるように、積極的な意味をもっている。にもかかわらずこれがほとんど実践されないのは、本を読んでいないことを認めることが、われわれの文化においては、重い罪悪感をともなうからである」(同上、p. 147)

本を読んでいないことは「重い罪悪感」をもたらすという著者の指摘には、誰しも思い当たる節があるのではないだろうか。ある分野を代表する主要な本だけは少なくとも手元にそろえておきたいという欲望は私にはある。ところが、所属する大学や研究機関の図書館にもないのはもちろんのこと、国内のどこにも所蔵されていないという重要な著作が実際にある。電子本まで含めればネット経由でアクセスできるリソースは世界中のどこかにあるのかもしれないが、すでに第2楽章で指摘したように、その電子本のもとになる〝フィジカル・アンカー〟の問題が浮上する。手元にない紙の本はどうあがいても読めないし、電子本はあってもその素性が知れないこともあるだろう。それでも、読者は自分なりに努力をして〝読み〟続け、ひとりひとりの〈内なる図書館〉がつくられていく。

こう考えてくると、読者それぞれの読書歴とともに成長する〈内なる図書館〉を構成する〝本〟の実体はその境界がゆるやかにぼやけてくる。バイヤールは彼の言う〈図書館〉に所蔵される〈本〉を次のように定義する。

「〈遮蔽幕としての書物〉が〈共有図書館〉に属し、〈内なる書物〉が〈内なる図書館〉に属しているように、〈幻影としての書物〉は〈ヴァーチャル図書館〉に属している」（同上、p. 193；脚註11）

明らかに、この著者の読書論はトークンとしての本を超越している。そこで浮上してくるひとつの問題は、〈共有図書館〉の部分集合たる〈内なる図書館〉が各人のなかでどのように形成されるのかということだろう。それはまた、「読んでいない本について堂々と語る」ことができるのはいったい誰なのかという問題にもつながる。もちろん、バイヤールの立場としては、「本を読まないことは不徳である」という旧態依然としたしがらみから解放されることで、万人が読書の新たな創造の場を切り拓くことができるとなるにちがいない。しかし、それがいい結果を生むかどうかはパーソナルな〈内なる図書館〉の「蔵書」

の質と量に依存していることもまた事実だろう。個人的な〈内なる図書館〉がまだ貧弱すぎれば、その分野の〈共有図書館〉に並ぶ未読書に関して、既読書を手がかりに堂々と〝補間〟して語ることはきっとできないだろう。

それぞれの学問分野ごとにある〈共有図書館〉の蔵書のそれぞれは〝ランドマーク（標識点）〟として〈共有図書館〉の内部での位置づけが与えられる。そして、その分野に参入してきた新規読者は、この〈共有図書館〉の〝ランドマーク〟を次から次へと〝サンプリング〟しながら、自らの〈内なる図書館〉を構築していくはずだ。たとえ同じ分野であったとしても、読者によって〈内なる図書館〉にサンプリングされた〝ランドマーク集合〟には当然ちがいが生じるだろう。〈内なる図書館〉のちがいは、読者どうしが対面あるいは対決する〈ヴァーチャル図書館〉において明確になる。

バイヤールは、読者によって個人差のある〈内なる図書館〉の〝既読書ランドマーク集合〟から〝補間〟することにより、未読書についても「堂々と語る」ことができると主張する。〈共有図書館〉の〝ランドマーク〟のサンプリングが十分に密であれば、そのような〝補間〟をしたとしても大きく外れることはないだろう。しかし、〝既読書ランドマーク〟があまりに粗であったり偏っていたりしたときには、まちがった言説（要するに〝誤読〟）に堕してしまうリスクが高まることもまた容易に予想できる。著者は、〈ヴァーチャル図書館〉という仮想空間のなかでは、そういう〝誤読〟にもまたある種の創造的価値があると言っているようだ。

ウンベルト・エーコは、書かれた本の内容に関する〝過剰解釈〟——すなわち過度の〝深読み〟——を手厳しく批判したことがある（コリーニ 1993）。ある本についての論議は何の遠慮も制約もなくやればいいが、その論議の妥当性（〝補間〟の良し悪し）は当の本に照らして初めて評価することができるとエーコは言う。同様に、「読んでいない本について堂々と語る」自由はどんな読者にもあるだろう。エーコでさえ、読んでいない本は山ほどあって、それにもかかわらずそれらの内容はよくわかっていると公言している（エーコ、カリエール 2010）。

しかし、未読書の〝欠測値〟を周囲の既読書からいくら〝補間〟したとしても、未読書そのものを読んで得られる〝実測値〟の情報にはけっしてかなわない。自分なりの〈内なる図書館〉を長年にわたって築いてきた読者ならば、次善の策としての〝補間〟にあれこれ腐心するくらいだったら、その時間を直接的な〝実測〟に当てるのが唯一の選択肢ではないだろうか。時間がかかったとしても、お金がかかったとしても。

2. 専門知の体系への近くて遠い道のり

「とにかく本を蒐めろ、そして読み尽くせ」――スローガンとしては威勢のいいことこの上ないが、まだその研究分野に足を入れたばかりの学生にとっては次の一歩をどうすればいいのかさえおぼつかないにちがいない。歴史のある分野と新興まもない分野では〈共有図書館〉の様式もまたちがっているだろう。そもそも、〈共有図書館〉に入館する目的は、その分野に特有の「専門知」を習得するためだ。ではその〈共有図書館〉に蓄えられている専門知とはいったい何だろうか。それは科学者の特権か、それとも一般人にも手が届くのか。どうすればその専門知を身に付けることができるか。

ハリー・コリンズの著書『我々みんなが科学の専門家なのか？』（コリンズ 2017）と共著『専門知を再考する』（コリンズ、エヴァンズ 2020）は専門知をめぐるこの論議に重要な視点を提起している。コリンズらは専門知を注意深く分類した「周期表」（コリンズ 2017, p. 85; コリンズ、エヴァンズ 2020, p. 17）を提示することにより、専門知のもつさまざまな属性を整理した。初学者にとってとりわけ関心を惹くのは、この分類表の「スペシャリスト専門知」だ（コリンズ 2017, pp. 86–99）。

ある特定分野に関する深い知識と十分な経験を積むことによって得られるこのスペシャリスト専門知はさらにいくつかのカテゴリーに分けられる。そのひとつは「ユビキタス暗黙知」（コリンズ 2017, p. 88）と名づけられるもので、意欲と関心がありさえすれば得られる専門情報（ネット検索情報・参考文献・一次資料など）を指している。たとえば、ある生物の進化に関する専門情報を得ようとするとき、古今の著作や論文はもちろんのこと生に近いデータや解析ツールさえ自由に入手することができるだろう。つまり、やる気さえあればそうとう突っこんだレベルの「ユビキタス暗黙知」を得ることが可能だ。

しかし、この「ユビキタス暗黙知」は、スペシャリスト専門知のもうひとつのカテゴリーである「スペシャリスト暗黙知」（コリンズ 2017, p. 87）とはっきり隔てられているとコリンズは言う。スペシャリスト暗黙知をもつことは専門家としての必要条件であり、とくにある分野を実際に牽引する能力のある「貢献的専門家」は次のように定義されている。

> 「いかにして人は貢献的専門家になるのだろうか。他の貢献的専門家と一緒に働き、彼らの技能や技巧——ものごとの運びかたについての暗黙知——を受け取ることによってである。貢献的専門家となるためには、徒弟になる必要がある」（コリンズ 2017, p. 87）

「自らある領域に馴染みにいって特定分野の暗黙知を得ようとすることであり、ただ単に雑多な事実だとか、雑多な事実同然の未整理情報についてより多くのことを覚えることではないのである」（コリンズ、エヴァンズ 2020, pp. 17–18）

科学の世界に話を限定するならば、貢献的科学者とは単にその分野の細かい知識を溜めこんだり、関連する経験を増やすだけでは不十分で、それらの知識や経験を裏打ちして体系化する背景知見を暗黙知としてもっていなければならない。そして、そのような暗黙の背景知見はある研究機関や研究者コミュニティーに所属し、周囲の貢献的科学者たちから学ぶことによってのみ獲得できるということになるだろう。

さらに、ある分野を担う貢献的専門知を会得した〝その道の専門家〟との密接なやりとりを通して、スペシャリスト暗黙知のもうひとつのカテゴリーである「対話型専門知」（コリンズ 2017, p. 91）をもつ専門家が出現する。

「対話的専門知とは、ある専門家コミュニティーの言語的会話に参加し、実践的活動への参加や意図的な貢献をしないままで、流暢に会話に参加できるようになったときに獲得される専門知である。つまり、ある専門領域の「貢献的専門家」にならないままで、その領域の対話的専門家になることは可能である」（コリンズ 2017, pp. 91–92）

生物体系学の現代史を振り返ると（三中 2018c）、貢献的専門家である体系学者のコミュニティーのなかに科学哲学者たちが入ってきて生物学の哲学に絡む問題群を議論するというのは、まさに対話的専門知が新たに獲得された好例とみなすことができるだろう。対話的専門知があれば複数の専門分野をまたいだ生産的なつながりが期待できることは確かだ。しかし、この貢献的専門知にしろ対話的専門知にしろ、スペシャリスト暗黙知は誰にでも容易に手に入れられるわけではない。明示的な部分（オモテ）と暗黙知の部分（ウラ）から構成されるスペシャリスト暗黙知の成り立ちは、そのときどきの研究者コミュニティーとどのように関わるのかという問題とつねに絡んでいるからだ。

本や論文を読むことは専門知を得る上で欠くことができないことは確かだが、それはあくまでも公表されたオモテの情報を得るための手段である。国内外の学会大会に参加するなど研究者コミュニティーに入り関連する研究者たちとの関わりを保つことにより、公表はされないがその場にいる誰もが知っているウラの情報を〝暗黙知〟として身に付けることが、ひいては自分のもつ〝知的アンテナ〟の調整にとって実はとても重要であることにたびたび気づかされる。

3. ひとりで育てる〝隠し田〟ライブラリー

客観的に見て、私の研究分野は日本ではごくマイナーだ。あまりにマイナーすぎるので、研究資源の点で不自由があることはまちがいない。とくに、本や雑誌などの図書は日頃から心して蒐集しないと痛い目を見る。すでにインターリュード（1）で書いたように、本の公費購入はたいていろくな結末にならないので、私の場合、ほとんどすべて私費購入で必要な文献類を買い求めている。

私の分野では新刊本はもちろんのこと1800年代の古書であってもりっぱな〝現役〟の参考文献となるので、古書店での探書は欠かせない。以前であればリアル古書店めぐりは日常のことだったし、近年はオンライン古書店の巡回探書は習慣になっている。古書の公費購入は手続きがとてもたいへんで、手間取っているうちに売れてしまうこともある。自分で和洋書を買うとなるとフトコロはどんどん痩せ細る一方だが、一期一会の機会を逃さないという点では後悔がない。

このようにたくさんの本が届いて積み上がる〝山〟を目にする来室者は、一様に「こんなにたくさん本があって全部読んだんですか？」と目を丸くする。しかし、本はすぐ読むために買うものではない。そのうちいつかひもとく機会がどこかであるんじゃないかな、という本も少なからず（いや大量に……）私の居室にはある。たとえば、『チャールズ・ダーウィン書簡集（*The Correspondence of Charles Darwin*）』(Darwin 1985-2021+) は1985年に第1巻が出て以降、ほぼ毎年一冊ずつ出ていて、あと2巻を残すのみとなっている。総計15000通を超えるダーウィンの全書簡を出版するという壮大な計画で、詳細な解説と脚注が付けられ，各巻1000ページにも及ぶ緑色のハードカバー版がずらりと書棚に並んでいる光景はとても見ごたえがある。しかし，この書簡集を通読することはこれまでなかったし，これからもきっとないにちがいない。

「読まないんだったら，何のために本を買うのか？」という無粋な質問がきっと投げかけられるにちがいない。その問いかけに対する私の答えはただひとつ「本は読む読まないに関係なく，ここに〝ある〟ことに意義がある」。

たとえば，私の居室に鎮座している『オクスフォード英語辞典（全17巻）』とか『日本国語大辞典・第2版（全14巻）』を私はけっして〝読破〟することはないだろう。しかし，英語や日本語について何か知ろうとするならばどちらもかけがえのない参考資料となる。もちろん，その『オクスフォード英語辞典』を全巻読破したアモン・シェイ（Shea 2008）や『日本国語大辞典』を最初から最後まで読み切った今野真二（今野 2018）のようにまことにおそるべき読書人たちが世の中には存在することは認める。しかし，一般読者が〝OED〟や〝日国〟を読了していないからといって責めたてる人はきっといないだろう。同じことはおそらくどんな本にも当てはまるはずだ。ある分野の専門知を身に付けたいのであれば，ある本を最初から最後まで読み通すことはきっと役に立つだろう。しかし，その本の必要な箇所だけ見れば用が足りることもあるはずだ。そういう読み方が〝悪い〟とは私は考えない。

その一方で、議論のなかで典拠を確認する必要があるとき、その本が手元にないと埒が明かないことはある。その本を開いて該当箇所を見さえすれば解決するのにそれができないときのもどかしさを経験した人はきっと少なくないだろう。私の場合は、生物体系学の歴史的文献を参照する必要が多々あるが、多くの古い文献は紙の本としてアクセス困難だったり、電子化公開されていないものもよくある。何十年もかかったが、現在ではそういう基本文献のほとんどは手元にそろい、おそらく国内のどの図書館にも所蔵されていない書籍も居室の書棚に並んでいる。

フィジカル・アンカーとしての〝紙の本〟が手元にあることの御利益は小さくない。ポストリュードで述べるが、数年前にケンブリッジ大学出版局から出た論文集に寄稿したことがある（Minaka 2016）。その際、古い文献から複写した図版の品質に関して編集部から「もっと画質のいい図版を送れ」との要請があった。私が引用したのはもともと電子化されていない古文献だったが、さいわい私の手元にある〝紙の本〟から高精度スキャンして非圧縮画像（ｔｉｆｆ形式）で編集部に送れた。通常の電子化文献（たとえばｐｄｆファイル）の画像は印刷に利用するには画質が低すぎることが多い。フィジカル・アンカーをすぐに利用できる幸せをそのとき噛みしめた。

マイナーな研究分野でひとりこつこつと仕事を進めるというのは、有り体に言えば職場である研究所の裏庭で〝隠し田〟をこっそり耕すようなものだ。公言はしていないけれども、自分的にはやらなければならない仕事をやるとなったら、それくらいの〝面従腹背〟というか〝面の皮の厚さ〟はきっと必要だろう。研究者が自分の手の内をいつも外に全部見せるのはスジの悪い生き方だ。人知れず学会発表をしてはいつの間にか単著論文を書き、機会が得られれば本を出したり翻訳もする。まちがいなく昨今の主流派研究者人生からは背を向けているが、これはこれで快楽追求的な生き方ではあると感じている。

——「隠れて生きよ（*Λάθε βιώσας*）」

第3楽章 「書く」——本を書くのは自分だ

そもそも本書を書くことになったきっかけは、2019年春に東京大学出版会から「理系の本を書く」というテーマで一冊本を書かないかというオファーがあったことだ。専門書・学術書の執筆をめぐっては、すでに編集者サイドからの論議（鈴木・高瀬 2015；橘 2016）がなされているが、著者サイドからの見解はこれまで提示されていないのではないかという問題提起だった。とくに、「本を書く」ことをめぐっては〝理系／文系〟の分野による学問文化的なちがいも無視できないことを考えれば、〝理系〟の研究者にとって単著を書くことにいったいどんな意義があるのかを議論することに意義はあるだろう。

第1楽章「読む」および第2楽章「打つ」と読み進んでこられた読者はすでに読書と書評に関する私の基本的な見解について理解されたかと思う。この第3楽章「書く」では、いわゆる〝理系〟研究者のひとりである私がどのようなスタンスで本を書いてきたのかについて、これまでの楽章の内容と関連づけながら論じることにする。

3-1. はじめに――〝本書き〟のロールモデルを探して……逆風に立つ研究者＝書き手

もう数年前のことだが、私の研究室にふらりと来室した研究者とこんな立ち話をしたことがあった。彼いわく、そろそろ単著で本を書きたいのだがいったい何をどう始めていいのかわからないとのこと。まずはどこかの出版社のいずれかの編集者に連絡をとって、自著の企画をもちこむのが先決だろうとそのとき私は答えたのだが、どうやらそれとは別のもっと根深い問題が背後にあるようだった。要するに、職場の周囲を見回しても本を書いているあるいは書いたことのある研究者がぜんぜんいないので身動きが取れないという単純きわまりない現実である。要するに、〝本書き〟のロールモデルが農水省研究機関にはほぼ見当たらない。確かにそのとおりだ。

長期の夏休みもサバティカル制度もないわれわれのような立場の独法研究員が単著を書くことは、いわばリスクは高いのに実入りは悪い〝綱渡り〟を続けるようなものだ。そうでなくても昨今の研究者は忙しすぎる。抱えこんでいる研究課題やプロジェクトの進捗を気にしながら、それらに付随する大小さまざまな事務作業をこなし、新たな研究資金の獲得を陰に陽に求められ、あまつさえ対外的なアウトリーチ活動にも駆り出される。われわれ独法研究員は本を書く代償としてこれら多くのことを放り出しているわけで、それに耐えられないと、言い換えれば自己中心的な不感症――我が辞書に「良心の呵責」の文字はない――でないと本は書けないにちがいない。

今の独法研究機関の置かれている余裕のない状況を考えると、研究員が単著を執筆する環境はさらに悪くなっている。仕事をする上での人員や資金が単調に削減されるとともに、研究者が多少とも自由になれる〝糊しろ〟や〝溜め〟は無慈悲に削られてやせ細る。かつてはあったはずのそれらの〝深いフトコロ〟が今やどんどん埋め立てられている。だから、本を書くことのコストやリスクは以前よりも明らかに大きくなってきた。「いろいろたいへんですけど、それでもどうしても本を書きますか？」という覚悟が書き手に迫られている。

研究者が本を書く上でのハードルは時間や余裕だけではない。本を書くことが研究者としてのキャリア形成にどんな影響（プラスのあるいはマイナスの）をもたらすのかが判断しにくいという問題はより深刻かもしれない。世間的には（というか科学者業界的には）、ちゃんとした〝理系〟の研究者は原著論文を出すことに全精力を注ぐべきであり、本を書くなどという余技に時間とエネルギーを割く余裕はどこにもないはずだという〝正論〟が聞こえてくる（気がする）。しかし、本を書くことに対するキャリア上の〝配点〟は、いわゆる〝文系／理系〟というおおまかな区分はもちろん、研究分野ごとにずいぶんとちがいがあることもまた事実だ。

私が東京大学大学院農学生命科学研究科の連携大学院教授をしていたときは、学科内の教員会議で他研究科の人事に関する書類を見る機会がよくあった。同じ農学分野でも、農業経済学研究科の場合は単著本を出版することは研究キャリア的にとてもプラスになり、人事書類での研究業績欄の筆頭は必ず「著書」リストを挙げることになっている。他の研究科では筆頭にあるのがふつうの「原著論文」リストは農業経済学分野では二番目に置かれていた。研究分野によってどんな研究成果がより重視されるかは必ずしも一様ではないことを実感する。

研究者であれ大学教員であれ、一方では査読付きの原著論文を書きながら、他方では単著本も書けという二重の要求に応えなければならないわけで、まともに受け止めれば〝たくさんの人生〟をひとりで抱えこんで生きなければばならなくなる。しかし、私は〝たくさんの人生〟を同時に生きることはできないことではないと考えている。論文を書く人生と本を書く人生はある単一の〝時空ワーム〟（サイダー 2007）である人間が生み出す異なるアウトプットだと考えればいいだろう。つまり、研究活動上のアウトプットはそれぞれ異なる意味があるはずなので、「本か論文か」と詰め寄るのではなく、「本も論文も」と両立させてくれた方が幸せな研究者人生が送れるはずだ。

ある研究者としてキャリアが存続するかぎり、一方では、彼／彼女はそのときそのときの短期的（〝微分〟的）な成果として原著論文を出すことがあるだろう。しかし、他方では、長期にわたる研究成果を〝積分〟することにより、研究者として生きてきた自分の立ち位置がより明瞭に鳥瞰できるようになる。長いキャリアには長いだけの意義が生まれる。しかし、年取ってしまってからでは何かと差し障りがあるかもしれない。「定年後に時間ができたら本でも書くかな」などと言っている人が実際に本を書いたためしはない。確かにいったんリタイアすれば現役時代よりは自由時間は増えるだろうが、本を書こうとする気力や実際にそれをやり遂げる体力は若い頃に比べればきっと劣るだろう。何よりも一冊の本をつくりあげるだけの知力すらおぼつかなくなっているかもしれない。さらに、自分自身の病気のリスクとか、いつか必ずやってくる近親者の介護を考えれば、残された選択肢はたったひとつしかないではないか。すなわち「現役の研究者でいるうちに書くべき本は書いてしまえ」ということだ。懐古的に「守りの本」を書くよりも、まだ自分がこれからどうなるかわからないときにしか書けない「攻めの本」の方がワクワク感が高い。そういう本を書けるチャンスがある若い研究者は機会を逃さず書いてほしいと思う。もちろん、シニア世代の研究者や教員も人生はしょせん短いのだから、あとで後悔しないようにさっさと本を書こう。

専門の研究分野で一冊の単著を書くには、原著論文や総説記事の執筆とはまったく異なる心構えが必要だが、それは単に「より時間がかかる」というだけの理由ではない。原著論文であればその時点で最新のオリジナルな研究結果を迅速に報告するという〝短距離離走〟の勝負である。一方、まとまった分量の本を書くには、あるテーマの歴史的背景から始まって、現状の考察と分析、そして将来を見据えた視座まで含めて、息の長い体系的な著述を続ける〝長距離離走〟が書き手に要求される。論文と本では流れる時間が異なっているので、論文を書くときの「微分主義」的な研究者スタンスとともに、本を書くときの「積分主義」的な研究者人生観が生まれてくるだろう。微分と積分はどちらも必要だ。原著論文＝〝短距離離走〟をこなしつつ、単著本＝〝長距離離走〟を走り抜くことは、研究者キャリアに期待される車の両輪ではないだろうか。

私は長年にわたって自分なりのスタイルで本を書き続けてきた。最初の単著を東京大学出版会から出したのは私が39歳のときだった（三中 1997）。その後もあちこちの出版社から本を書く機会をいただき、ふと気がつけば、職場の周囲の研究者たちとはぜんぜんちがう「研究者＝書き手」としての人生を歩むことになった。結果として、今いる職場では並外れて多くの単著・編著・訳書を出版してきた。私自身の利己的な性格にもよるのだろうが、研究者が本を書く気になればいくらでも書けるはずだ。

以前読んだ記事——川上桃子「本か論文か？ 台湾社会学者の学術コミュニケーション選択 3人の専門家へのインタビュー」（川上 2013）——では、本を書く動機づけとして「ロールモデルとなるような魅力的な書物との出会いがあるかどうか」が重要なファクターとして挙げられている。しかし、私は「ロールモデルとなる書き手が身近にいるかどうか」をもうひとつの重要なファクターとして挙げたい。一冊の本を書き上げるというのは、気力と体力と時間が必要な肉体労働なので、どういう心構えで進めていくかは、書き手の「ロールモデル」が近くにいるかいないかではずいぶんとちがいが生じるだろう。

私の場合は残念ながら書き手のロールモデルはいなかったので、下記に記すことはあくまでも自分の経験に基づく理系研究者の本書きのスタイルだ。

3-2.「読む」「打つ」「書く」は三位一体

2018年2月に東京のベルサール汐留で朝日新聞社主催の〈築地本マルシェ〉という図書イベントが開催され、大学出版部協会が企画した鼎談〈学術書を読む――「専門」を超えた知を育む〉に呼ばれて、私も講演者のひとりとして参加した。私の話題提供のポイントは、学術書は「読む」立場からだけでなく、同時に「書く」立場からも議論すべきであるという点だった（三中 2019a）。私の視点では、読書と書評と執筆は継ぎ目のないひと連なりの場に位置づけられている。ある本を手にとって読みたくなる、あるいは書評を打ちたくなるのは、著者が展開する〝世界観〟すなわちその本が見せてくれる知的な〝景色〟に直感的に惹かれたという理由がほとんどだ。それは本の現物を見たときの瞬時の直感なので、「自分から探して見つける」のではなく、「本の方から声がかかる」と言うべきかもしれない。

その感覚は、自分が著者となって本を書くときにも通じる。本の原稿を書く「私＝著者」のすぐ横に、今まさに書かれている原稿を読んで評するもうひとりの「私＝読者・評者」がいる。これから書くべき本のフレームワークをどのように広げていくか、「書く私」と「読む私」と「評する私」はいつも一心同体だが、たがいに別人格をもっている。どのようにプロットを構成していくかを考えるとき、傍らの「私＝読者・評者」に相談をしながら、「私＝著者」が実際に原稿を書いていく――私が本を書く仕事場はある種の〝工房〟のようなものかもしれない。

読むべき本を決めるときには〝探書アンテナ〟の張り方がとても大事だ。アンテナの網の目が細かすぎると不必要にたくさん拾いすぎるし、逆に目が粗すぎると読むべき本が漏れ落ちてしまう。適切な網の目をもつ適切なサイズのアンテナを適切な方向に向けることで、読むべき本が拾い上げられる。同様のことは、本を書くときにも当てはまる。本の全体的フレームワークをどのくらいのサイズに設定して、プロットをどの〝次元〟に展開するか、ストーリーの細かさをどれくらいにするかによって、本の仕上がり具合は大きくちがってくるだろう。

フレームワークがあまりに狭すぎ、プロットの展開が貧弱で、ストーリーの目が細かすぎれば、過度に〝専門的〟で〝学術的〟な本になってしまい、それを理解できる読者層は極度に薄くなるにちがいない。逆に、フレームワークが大きくても、プロット展開が大風呂敷で、ストーリーの目が粗すぎれば、潜在読者層は厚くなるかもしれないが、毒にも薬にもならない〝流動食〟のような本になってしまうだろう。フレームワークとプロットとストーリーという本をかたちづくる三本柱を立てることは、「書く人」と「読む人」と「評する人」の三位一体的な協同作業があって初めて可能になる。

3-2-1. 知識の断片から体系へ——本の存在意義

専門学術誌の最新号を開けばその分野の最新の知見が原著論文として公表されている。しかし、原著論文の典型的な形式では新規な知見にいたる歴史的な背景や過去の研究の経緯については、冒頭の部分でさらりと触れられているにすぎない。初学者が原著論文を読むときにおそらくもっともハードルが高いのは、その最初の歴史的序論の部分だろうと私は思う（私にもかつてその経験がある）。その分野の〝くろうと〟であれば、研究史に関するさまざまな雑知識をかなりもっているだろう。しかし、初めて足を踏み入れる〝しろうと〟にとってはそこがまさに無知なために、たとえ本論は理解できても歴史的な背景が解読できないことがまれではない。

それは初学者だけの問題ではない。ある分野の〝くろうと〟であったとしても、多くの場合、他分野ではずぶの〝しろうと〟なので、ホームグラウンドを離れてアウェイな分野に立ち入るとまったく同様の事態が予期される。同一の研究者がある状況では〝くろうと〟であっても、別の状況では〝しろうと〟にもなると考えた方が実態により近いのではないだろうか。あるひとつの研究分野のなかにあっても、〝断片化〟された知識のアップデートをしているかいないかで、〝しろうと／くろうと〟の境界線は世代間でいくらでも変わり得るだろう。研究分野の専門化と特殊化が進んだ現代の科学では、〝しろうと／くろうと〟の区別はもはや二者択一ではない。ある分野で〝貢献的専門知〟をもつ〝くろうと〟が他分野でもしかるべき〝対話的専門知〟を有しているかどうかは必ずしも保証されない。

本を書く著者の立場から言えば、最新情報の〝断片〟を提供するのが主目的の原著論文とは異なり、一冊の本を書くことはその研究分野に関するひとまとまりの知識の〝体系〟を構築することにある。原著論文には書かれない（書き切れない）ような、その分野の科学史や学説史や論争史などの背景事情、さらには周辺の関連分野との相互関係（協力・拮抗・対立など）の経緯までも含む舞台の〝メイキング〟を描くことが著者に求められる役割だと私は考えている。本を書くことによって著者独自の視点からある分野の〝体系化〟をすることは利己的に見てとても意義がある。多くの研究者の手になる数多くの知見は原著論文としてばらまかれている。その〝断片〟を組み合わせて大きな〝物語〟を語れる〝体系〟を組み上げるのは著者の手腕にかかっている。

第1楽章で論じたように（1－4－4項参照）、科学研究における「知識の断片化と体系化」が直面する問題のひとつは、科学という実体のもつ巨視的なダイナミクスをどう理解するのかである。個々の学問分野は時空的な進化体なので、それぞれの科学が時空間のなかでどのように変遷・分裂・消滅・融合するかは、微視的に見れば科学者個人の活動を包みこむ母体（マトリクス）である。ある科学の科学史や科学哲学を考察することにより、この母体がひとつの体系としてのどのようなまとまりをもつのかに光が当てられるだろう。

もうひとつの問題は、ある母体のなかでその科学をいま担っている科学者たちが専門知に対してどのような姿勢をとるのかである。おそらく今の大多数の「研究者」たちにとっては〝体系〟とか〝物語〟という概念は日々の仕事にとってはとくに必要がないのかもしれない。もちろん、それぞれの研究者はひとりひとり自分の貢献的専門知を育んできたにちがいないし、隣接分野の研究者たちとの密接な交流を通して対話的専門知も有しているだろう。しかし、それらのスペシャリスト専門知は最初から断片として生み出されてきたわけではない。必ず、科学としての母体があって、そこに研究者コミュニティーが生息し、それに帰属する研究者のアウトプットがひとつひとつの研究成果となるはずだ。

一冊の本を書くことによって、細かく〝断片化〟された科学的知識をひとまとまりの〝体系化〟された科学的母体へとつなげられるのではないかと私は期待している。ここでいう〝まとまり〟とか〝つながり〟という表現は、既存の個別科学を隔ててきた〝壁〟を固定化してしまうのではなく、むしろその〝壁〟を乗り越えさせる可能性を秘めているのではないだろうか。私は自分の本を書くときは、ある科学分野の歴史をいったん掘り下げ、淵源となるルーツを見極めた上で、その分野が発展していった枝葉の先端を見上げるようにしている。

「根元から先端を見上げる」というスタンスは、私の言う「系統樹思考」（三中 2006a）を踏まえて一般化した視点だ。現在の時空平面ではばらばらに見えることがらであっても、時空軸に沿って過去に向かってさかのぼれば、どこかでひとつにつながるだろう。過去への〝遡行〟を逆回しすることにより、ひとつの根元からの科学的知識の分岐がたどれるにちがいない。その学問的分岐を枝先までたどると、いつの間にか現在の科学をたがいに隔てている〝壁〟を超えているかもしれない。逆に、今でこそまったく別の分野と認識されて交流が途絶えていたとしても、そこで研究されている問題や疑問が実はまったく同じであることが判明する可能性だってある。

このように一冊の本を書くことで、いま現在の時空平面を超えて、過去から未来への軸に沿った視座を示すことができるだろう。それは、運がよければ他の読者にとっても役に立つかもしれない。しかし、利己的な私に言わせれば、専門的な学術書にしろ一般読者に向けた本にしろ、一冊まるごと書くことによって最大の利益を得るのは著者にほかならないと思う。自分が長年にわたって関わってきたある研究分野の来し方行く末を見据えた〝総括〟を自分独自の視点で描ききるという仕事はそれひとつをとっても（利己的に）意義のあることではないだろうか。

3-2-2．学術書と一般書は区別できるのか

ひとまとまりの知識の〝体系〟を適当に薄く切り分けて消化しやすい〝断片〟としてユーザーに提供する――この流行スタイルに対して〝反旗を翻す〟ことが本を書くことである。電子出版がこれほど広く普及した今の時代にあって、あえて本を出すことを読者に対してどのようにアピールすればいいのか。見えなくなってしまった読者をいかにして連れ戻せるのか。この点に関して、その本が「学術書」だろうが「一般書」だろうが、程度のちがいはあったとしても、質的なちがいはないのではないだろうか。

そもそも「学術書」と「一般書」を分けることはできないと私は思う。もちろん、その本がある学問分野のきわめて専門的な内容を詳細に論じたモノグラフであるならば、誰もがそれは「学術書」であると言うだろう。また、その本が科学のある話題を簡潔にわかりやすく、〝一般向き〟に解説した本ならば、それを「一般書」と呼ぶことにきっと異論は出ないにちがいない。一見して誰の目にもすぐにそれとわかる「学術書」と「一般書」の明白な事例はいくらでも挙げることができる。しかし、典型的な事例があるからといって、「学術書」と「一般書」を隔てる決定的なちがいがあることにはならないだろう。

ここでいう「学術書」の定義として、橘宗吾『学術書の編集者』ではこう書かれている。

「学術書（ここでは研究書）は、学術論文（ジャーナル論文）と同様に、それぞれのディシプリンをふまえ、根拠を明示しつつ独創的な論を立てるものですが、上述のように、学術論文とは違って、一冊全体として体系性ないし「世界」をもつことを強く志向し、より広い読者へと開かれたものであるべきだからです」（橘 2016, p. 21）

また、鈴木哲也『学術書を読む』では「学術書」を次のように定義している。

「学術的な問題意識を持って、学術的なトレーニングを受けた者が、学術的な認識・分析方法と作法をもって書いた本」（鈴木 2020, p. 12）

このように定義された、ある学問分野の専門知を体系化する学術書について、鈴木・高瀬（2015）はその〝裾野〟を広げるために不断の努力が必要だと指摘する。

「総じていえば、狭義の専門書であれば「パラダイム志向的」、また概説書でいえばある程度大部で体系的なもの、入門書でいえば「歯ごたえのある」、現場の困難が伝わるような挑戦的な内容のものが、今日、本にするに相応しいと筆者は考えているのです。そして最も重要なことは、高度な研究書であっても、読者はごく狭い同業者（狭義の関心対象を同じくする人々）だけではなく「二回り外」であること、そして本の目的と内容に応じて、その「読者」の範囲を適宜拡張し、それに相応しく記述することです」（鈴木・高瀬 2015, pp. 43–44）

この引用文で「専門書」「概説書」「入門書」と呼ばれているものは、ある専門的な知識体系を踏まえて書かれた異なるレベルの学術書であると解釈できる。著者らの主張によれば、学術書はつねに〝より広い潜在的読者層〟を念頭に置きつつ書かれるべきである。橘にしろ鈴木・高瀬にしろ、学術書は狭い専門分野にとじこもっていてはいけないという問題意識を前面に出している。そうなると、裾野を広げた「学術書」といわゆる「一般書」との差異はさらに小さくなってしまうだろう。

私がなぜこの点にこだわるのかといえば、かつて〝新書〟として本を書いた経験があるからだ。『系統樹思考の世界』（三中 2006a）と『分類思考の世界』（三中 2009）はどちらも講談社現代新書として出版した。本が出たあとに第2楽章で説明した「書評頻度分布」を集計してみたところ、「新書なのに難解すぎる」ときわめて低い評価が付けられた感想が少なからず見られた。おそらく世間的には、この〝新書〟というフォーマットは典型的な「一般書」であり、誰にでも簡単にわかりやすく書かれた〝流動食本〟であるというイメージが広まっているのだろう。

しかし、〝新書〟は10年以上前から多くの出版社が参入し、その結果として内容的な〝ばらつき〟がとても大きくなっている（佐藤他 2011，第9章）。つまり、同じ〝新書〟というフォーマットではあっても、良くも悪くも当たり外れは少なくないだろうし、不注意に手にすると読者が〝嚙まれる〟ことがある。価格帯的にはハードカバーの上製本として出されることが多い大学出版会系の学術書に比べればはるかに廉価であり、（内容ではなくまずは値段の点で）多くの読者の手にとってもらいやすいことはまちがいない。

「新書だから読みやすい」という先入観は〝平均〟という点では当たっているだろう。さらにいえば、講談社現代新書、岩波新書、中公新書、平凡社新書など数多くの新書シリーズがすでに出回っているが、読者の側から見た〝平均〟はそれぞれのシリーズごとにちがいがあるかもしれない。しかし、読者にとってむしろ問題となるのは〝平均〟ではなく〝分散〟ではないだろうか。新書が平均的にはたとえ読みやすいとしても、ばらつきが大きければ超簡単な新書もあれば、超難解な新書も出現し得ることになる。そんなわけで、読みづらい〝やっかいな新書〟をまちがって手にしてしまって〝噛みつかれた〟読者には申しわけないとただただ謝るしかない。私はあくまでも自分のために本を書いているので、その最終形態が新書であるかハードカバーであるかはどうでもいいことだ（読者にとっては大事だろうが）。

すでに述べたように、学術書と一般書は装幀によって区別できるわけではない。その内容を見なければ判定はできない。私にとっての学術書が満たすべき唯一の条件は、その分野の参照可能な文献として利用できることである。つまり、文献リスト・註・索引という「三点セット」をそろえているかぎり、その本は私にとっての参照可能な〝学術書〟であると判断する（後述するように私自身は註は付けない主義だが）。逆に言えば、その「三点セット」が欠けている本は参照資料にならない〝一般書〟だ。いわゆる〝学術書〟の定義をこれくらいまでゆるくしておく方が少なくとも私にとってはつごうがいい。

鈴木・高瀬（2015）や橋（2016）は編集者の立場から〝学術書〟をとじこめてきた有形無形の壁を崩し、その外側にいる読者層への橋渡しを狙っているはずだ。ならば、最初から〝学術書〟の定義を考え直した方がいいのではないか。「学術書vs.一般書」という対置を明言してしまうと、あたかも両者の間には越えられないちがいがあるような印象を固定してしまうだろう。

私の上の定義からいえば、新書フォーマットであろうがハードカバー版であろうが、私は〝学術書〟とか〝専門書〟以外の本を書いたことがないのかもしれない。私が本を書くときは、のちのちのことを考えてレファレンスとして利用可能な文献を残したいと考えている。私に言わせれば、資料として参照できないような〝紙束〟を粗製乱造するのは人生のかぎられた時間の浪費にほかならない。私はやはり利己的きわまりない著者である。

3-2-3. ライフスタイルとしての理系執筆生活

私のような〝理系〟とみなされている研究者が、学術書にしろ一般書にしろ、一冊の本を書くにあたっては自分が深く関わってきた学問分野をどれくらい広く深く〝掘り下げ〟られるかが問われる。単に、目の前にぶら下がっている最新の研究テーマだけを見て本を書いたとしても、それはごく狭い範囲の専門的な読者層に受けるだけで、その周囲に広がる潜在的読者層の〝掘り起こし〟にはつながらないだろう。たとえ今はあるひとつの研究課題に専念していたとしても、その課題の過去・現在・未来に思いを馳せる姿勢を保てるかどうかは研究者としてのライフスタイルの問題だろう。

宮野公樹（京都大学学際融合教育研究推進センター 2015）が言うように、学問分野は時間をかけて細かく分岐していったことは確かだ。その分岐のタイムスケールはひとりひとりの科学者の研究者人生よりもずっと長いだろう。宮野はいったん分岐した分野間の〝連携〟からさらなる〝融合〟を目指すための提言と実践を続けている（宮野 2015a, b）。彼の言う〝連携〟と〝融合〟とは異なる概念である。

「そもそも「異なる分野の研究者が連携、協働する」という内容は異分野〝融合〟ではなく、異分野〝連携〟である。〝連携〟の推進には、効果的なマネジメントを適用すればいいだけである。一方、本来研究者の内発的な同期から生じるべき学術分野間の〝融合〟には「管理」という概念はそぐわない」（同上、p. 71）

著者は、ここで異分野の研究者レベルでの〝連携〟とそれをさらに進めた異分野そのものの〝融合〟とを分けて考えていることがわかる。確かに、研究者レベルでの〝連携〟や〝交流〟はフットワークさえ軽ければ（研究資金があればなおありがたい）なんとかなる。しかし、異分野レベルの〝融合〟となるとそんなに簡単なことではない。同じ科学であっても、分野がちがえば〝文化〟そのものがちがうだろう。

著者の考えでは、〝異分野連携〟は特定の目的を掲げた協力体制の構築であるのに対し、〝異分野融合〟はもっと普遍的な真理探究にある。異分野間の〝連携〟だけであれば、どんなふたつの分野であっても、妥当な手続きさえ踏めば現実には可能になるだろう。そのふたつが異質であればあるほど、〝連携〟の成果は期待薄でおぼつかないかもしれない。しかし、ひょっとしたら何かのきっかけがあって一点突破があるかもしれない。一方、異分野間の〝融合〟という点については、もっと内的な動機づけが必要だと言う。

「いうまでもなくその学術分野の融合が生じる場面は、他ならぬ個々人の内側にある。つまり、「異分野融合」とは、他の世界観に触れて体得した個々人の実践の言語化を通じて、学者自身の内面で生じる啓発（気づき）のことである」（同上、p. 75）

しかし、実際には時空体としての個々の研究分野が〝融合〟するまでには、今を生きている研究者個人ではどうしようもない歴史的経緯や文化的伝統、そして研究者コミュニティーのなかの社会的ネットワークの動態という要因が横たわっている。著者自身、その点は十分にわかっているようだ。

「連携は短期的だが、融合は長期的。
連携は科学的だが、融合は人文的。
連携は制度的だが、融合は歴史的」（同上、p. 77）

手始めに異分野間で発生した〝連携〟は、科学者コミュニティーのなかでの適応度が高ければ、首尾よく生き残って「学際分野」となる（p. 89）。しかし、著者はそのような制度的な「学際分野」はそのままでは〝異分野融合〟にはならないと言う。歴史的時間軸の重要性がここで強調される。

「特に今日誕生するような学際分野は、得てして政策的意図を含んでいる。これは、異分野〝連携〟ではあるが、一定の歴史を積み重ねて学術界全体のなかで定着したとき、おそらくそれは伝統学問として認知される」（同上、p. 89）

著者は研究者ひとりひとりの〝構え〟が学際的連携には求められると主張する。

「学際研究とは、「真理を追究したい」という研究者の内発的動機によって、他の研究領域に関心を持つことから始まる。異分野間で対話がなされ、対立的衝突が起こる。さらに、対立の後に個々人の内面にて世界観の再構築がなされれば、それが「融合」だ」（同上、p. 93）

生物体系学の分野は歴史的に見れば、言語学や文献学あるいは歴史学との接点があるので、分野の壁を超えたつながりはすでに部分的に進みつつある（三中 1997, 2018c）。さらに、この分野は研究者コミュニティーとしての科学社会学的動態もたいへんアクティヴなので、これから新たな〝連携〟や〝融合〟の契機もありそうだ。おそらく、他の研究分野でも同様のシーズなりニーズは水面下にまだまだたくさん潜んでいるだろう。研究者個人が活動している今の研究分野を越えて他のどの分野と〝連携〟や〝融合〟を目指せばいいのかという「最初の一歩」がたいせつだろう。

「研究者である前に学者であるべき」（宮野 2015a, p. 182）という宮野の主張には全面的に同意したい。〝研究者〟としてある研究課題の究明に邁進するのは当然のことなのだが、研究者としての自分がひとりの〝学者〟として当該分野を広く見渡すヴィジョンを有しているのかを自問自答する姿勢は同程度にたいせつなことではないだろうか。自分が属する研究分野（および周辺関連領域）の歴史的変遷と科学社会学的動態を〝枠組み〟として正しく認識しているか。研究者としてだけでなく学者としてのライフスタイルがここで問われている。

このように、一冊の本に取り組むことは、科学者が自分を見直すまたとない機会だ。ほら、アナタも本を書きたくなってきたでしょう？

3-3．千字の文も一字から——超実践的執筆私論

しかし、「本を書いてみたくなること」と「実際に本を書き上げること」との間には天と地ほども隔たりがある。まるで文章が次から次へと自噴泉が湧き出るように原稿を書き進められればどれほど幸せだろ

うか。しかし現実はそれほど甘くはない。われわれ研究者は独り立ちするまでに、「学会発表のやり方」とか「論文の書き方」について教わることはあったとしても、「本の書き方」について学ぶ機会はおそらくまったくなかったにちがいない。理由ははっきりしていて、「本を書くこと」は研究者に求められる標準的な資質のひとつとしてカウントされてこなかったからだ。研究者は〝作家〟ではない。

そもそも、「本を書くこと」というか「文章を書くこと」はきわめてプライベートな行為なので、人それぞれのスタイルがあるだろう。しかし、ほとんどの研究者は〝作家〟としてはしろうとに過ぎないので、順調なときはまあいいとしても、いったん執筆につまずいてしまうとにっちもさっちもいかなくなるものだ。これまで言及してきたように、本を出版する側あるいは編集する側から著者（になろうとする人）に対して内容上のさまざまなアドバイスをすることは、実際に本の構想を練っている著者にとってても有益だろう。しかし、ここで問題にしたいのは、〝執筆内容〟ではなく、むしろ〝執筆進捗〟だ。

スランプにはまってしまった著者は例外なく心理的に追い詰められる。書けない作家に身の置きどころがないのと同じく、書けない研究者もまた人知れず枕頭を濡らしているはずだ。しかし、執筆というこの上もなく私的な行為は他人がみだりに介入してどうこうできるものではない。どうすればあくまでも自力でその〝崖っぷち〟から這い上がれるのだろうか。

3‐3‐1. 言わぬが花、知らぬは恥……『過去を復元する』『生物系統学』

私自身の過去の執筆歴をつらつら思い起こしてみると、初期の頃は〝もの書き〟としてはかなり素行が悪かったかもしれない。ご多分に漏れず、私もまた単著で「本を書く」ことについてそれまでまったく教わっていなかったので、まとまった原稿を書く上でのスケジューリングとか決まりごとなど基本的なことどもが身に付いていなかったにちがいない。

私が初めてひとりで一冊仕上げる仕事をしたのは、エリオット・ソーバー『過去を復元する』(ソーバー1996)の翻訳だった。1988年に出版された原書を読んで、その翻訳を思い立ったのは、ようやく定職に就いた1990年代のはじめのことだ。知人の紹介のおかげで蒼樹書房が幸いにも翻訳出版を引き受けてくれることになり、やっと本格的に翻訳を進められる態勢になった。当時は、翻訳原稿が章ごとにまとまるたびに、水道橋にあった蒼樹書房の社屋まで持参していた(電子メールで原稿を送れる時代ではなかった)。しかし、そのうちずるずると翻訳作業が遅れるようになり、蒼樹書房から督促の電話がかかってくるようになった。それでもやっぱり進捗ははかばかしくなかった(ソーバー本の後半はとにかく難しかった)。

文字どおり立ち往生していたある日、蒼樹書房社主の仙波喜三さんから「とにかく会社に来なさい」と呼びつけられ、こわごわ水道橋に出向いたところ、なかに入るなり仙波さんから「いったいあなたは原稿の仕事をなんと心得ているのか」と野太い声で小一時間こんこんと説教を受けることになった。そのあとは性根を入れ替えて翻訳を進め、予定よりもかなり遅れて１９９６年７月に何とか出版にこぎつけることになった。いま考えてみると赤面の至りというしかない。単発の短い原稿ではなく、まとまった量の原稿仕事をする際には、無計画な気まぐれでは自分が追い詰められるのはもちろんのこと、相手（出版社や翻訳エージェンシー）にも迷惑がかかるという当たり前のことを当時はまだわかっていなかった。

『過去を復元する』の翻訳に格闘していた時期は、初の単著である『生物系統学』（三中 1997）に取りかかっていた時期とも重なっていた。翻訳は原書があらかじめあっての仕事だが、単著は何もないところから建て始めなければならない。版元の東京大学出版会から最初に企画が持ちこまれたのは、私が35歳（１９９３年）のときだと記憶している。当初は『分岐分類学——系統と進化を探る方法論』という書名を設定し、そのころ理論的にも実践的にも進展が著しかった分岐学（cladistics）の最前線を解説する専門書を書くという予定だった。しかし、分子系統学が急速に広がってきた時代でもあったので、射程をもっと広げて、『生物系統学』という新しい書名のもとで分岐学を含む生物体系学全体を論議の土俵とする本として書き進めることになった。

前著『過去を復元する』を良き教訓として、二度と恥多き蹉跌をきたすことなく、原稿を書き進められればよかったのだが、やがて長丁場の原稿仕事にありがちなスランプや停滞が多発し始めた。私の場合、目次案をあらかじめ小見出しまで含めて細かく設定した上で原稿を書き進めるというスタイルが自然発生的にできあがっていた。しかし、当然予想されることだが、目次案どおりに執筆がスムーズに捗るわけではない。1996年夏に出た『過去を復元する』の訳者あとがきでは、『生物系統学』は「近刊」と記したものの、実際に本書が世に出たのはそれから一年以上も遅れて1997年の師走のことだった。400字詰にして1000枚ほどの分量になった。

私の本務は〝作家〟ではけっしてないので、日がな一日パソコンの前にしがみついて原稿を書き続けてはいられない。しかし、文章を書く上では「中断されない連続する時間」がどうしても必要であることが当時の私にはうすうすわかっていた。たとえば、大根をおろしたいと思ったら、即座に厨房に立って大根をおろし金ですりおろせばいい。しかし、文章を書きたいと思い立っても、次の瞬間に即座に文章を流れるようにキーボードで打てるわけではない。文章を打ち出す前には〝心の準備時間〟が必要で、そのあとでようやくおもむろに文章をつづることになる。途中で何かしら〝邪魔〟が入ったりするとまた一からやり直しだ。他の著者のことはよく知らないが、少なくとも私の場合はまとまった時間がないと原稿はいっこうに進まない。問題はその「まとまった時間」をどのようにしてひねり出すかだ。それでなくてもあれやこれやの仕事や雑事に追い回されているわれわれ研究者には本来であれば時間の余裕などあるはずがない。ないものはない。しかし、それでも書かないわけにはいかない。

かつて、とある本の原稿を依頼され、例によって進捗が滞っていたら、「夏休みか冬休みの時間のあるときにまとめて書いてください」と言われたことがある。大学ならまだしも独法研究所にもそんな「休み」があると世間では考えられているのかと愕然とした。もちろん大学の「夏休み・冬休み」はあくまでも学生にとっての休暇であり、教員やポスドクのものではない。ましてや、教育機関ではなく、学生がいない独法研究所にはそういう「長期休暇」の観念それ自体がない。大学ならば、教員が長期休暇を取るための「サバティカル制度」が置かれているところもある。しかし、独法研究所の研究員には大学並みの「サバティカル制度」はまったくない（少なくとも農水省関係では）。

研究者が〝まとまった時間〟をもてないことは、日々走り続けているときはえてして自覚されにくい。あれこれ仕事をこなしているうちに気がつけば一日が終わってしまう。思い当たる人はきっと多いだろう。そういうあわただしい日常が長期間累積されて、ある日ふと気づくわけだ——「私はいったい何やってんだろう？」って。サバティカルのような〝まとまった時間〟がなければ大きな本を書き上げることはできない。でも、現実にはそれはとうてい望めない。なんという矛盾。

まとまった文章を書いたり、しっかりものを考えたりするのに、細切れの時間ではどうしようもない。自分が関わってきた研究活動を自分でまとめるという作業を研究者自身がしないことには、悪い意味での

〝歯車〟あるいは〝部品〟で終わってしまうかもしれない。主体的に使えるまとまった時間をもつということは、それくらいたいせつなことだと私は思うのだが、どうもその認識はあまり共有されていないようにつねづね感じている。日々の研究の蓄積を研究者自身が知らないどこかで自分ではない誰かが勝手に取りまとめてパブリックな研究成果として対外的に広報するというのでは、いつまでたっても研究者自身が自分の仕事を体系づけることはできないだろう。自分がやらないで誰がやる。

3-3-2．前を見るな、足元だけ見よ……『系統樹思考の世界』『分類思考の世界』

『生物系統学』の出版後、世紀の変わり目にかけて共著本（長谷川他 1999）や寄稿本（三中 1999；三中・鈴木 2002）を何冊か出版した後、次に私が単著を出したのは10年後のことだった。講談社現代新書から、系統樹という図像がもつ科学から文化・歴史まで含む本を書いてほしいとの執筆依頼があった。2006年7月に出た『系統樹思考の世界』（三中 2006a）は私の執筆歴のなかでは〝新書〟という新たなステージの開幕だった。

21世紀に入ってからは「新書戦争」という穏やかならぬ言葉が飛び交うほど、伝統ある既存の新書に加えて、さまざまな出版社から新しい新書シリーズが創刊されていた（佐藤他 2011，第9章）。もともと内容的な〝ばらつき〟が大きかった新書という媒体だったが、新規参入の新書により、さらに〝ばらつき〟が拡大された。私の場合、前著『生物系統学』がハードカバーの厚い本だったので、〝新書〟というまったく別のジャンルの本をどう書けばいいのかと最初はかなり逡巡した。新書というからには〝読みやすさ〟が最優先なのかもしれないと考え始めると、それまでの私の本の書き方とは大きく異なることになるからだ。

講談社現代新書の担当編集者だった川治豊成さんは、そう思い悩んでいた私に対してさらりと「コンテンツをたまたま〝新書〟というフォーマットに詰めこむだけですよ」と言ってくれた。それですとんと憑きものが落ちた気がした。そう、〝新書〟だからといってことさらに読みやすさやわかりやすさにこだわる必要はない。だから、私の書いた2冊の現代新書――『系統樹思考の世界』と続刊の『分類思考の世界』（三中 2009）――は、文献リストも索引も付けて参照可能な体裁を整えたので、〝新書〟という仮面をつけた専門書だと私自身はみなしている。少なくとも私の新書はいずれもけっして〝流動食〟のような読みやすくわかりやすい新書ではない。そして、お手軽でもなければ雑学本でもない。何よりも、新書だからといって好き放題書けると思ったら大まちがい。査読も校閲も並み大抵ではなかった。

ばらつきの大きな新書という媒体形式のマイナス面はいろいろ挙げられるだろう。たとえば、新書では図版やグラフなど文字以外のコンテンツの扱いがどうしてもいまひとつなのは価格を考えればしかたないだろう。しかし、価格的な利点はもっと高く評価していいのではないか。『系統樹思考の世界』と『分類思考の世界』はどちらも400字詰にして400〜500枚くらい書いたので、分量的にはハードカバー版でも出せたかもしれない、しかし、もしこの2冊をたとえば東京大学出版会から出したとしたら、印刷部数は大幅に少なくなっただろうし、重版も危ういかもしれない。そして、ハードカバー版ならば本体価格はきっと数倍になり、必然的に読者は数分の一に減ったはずだ。内容的には学術書であっても、体裁的には新書で出すという出版戦略はきっとあり得るだろうと私は考える。

ハードカバー本であれ新書本であれ、とにかく原稿を書かないことには先に進まない。『系統樹思考の世界』を書いていたころは、ちょうどさまざまな公的雑事が雨あられと降り注ぐ年代（世代）だったので、やはり執筆進捗がはかばかしくなく、依頼されてまる3年が経とうというのにまたしても立ち往生してしまった。しかし、時代の進展により〝僻地〟であるつくばにも「つくばエクスプレス」なる鉄路が2005年に開業してしまったものだから、哀れな執筆者は鬼の担当編集者に乗りこまれ、必死で書いた原稿を次々に剝ぎ取られることになった。

そのあたりの〝執筆哀話〟は『系統樹思考の世界』のあとがきでも言及したが、本郷の喫茶店〈ルオー〉2階にある〝独房〟にて、その担当編集者と対面で長時間ひたすら原稿を書いたこともある（警察の容疑者取調室をイメージしてもらえばいい――くわしくは知らないが）。しかし、不思議なことに、そのような強制執筆の〝場〟があると確かに原稿は捗ることが実感できる。むしろ、原稿を書くためだけの〝場〟を意図的につくってしまうことが原稿書きの秘訣かもしれないと思いいたった。

3-3-3. 〝シルヴィア前〟と〝シルヴィア後〟

心理学者ポール・J・シルヴィアの執筆指南書『たくさん書く方法（*How to Write a Lot*）』（Silvia 2007；シルヴィア 2015）にめぐり会ったのは、とあるブログ記事（読書猿 2013）を通じてだった。この本を読み終えて、私はやっと「そうだったのか！」と膝を何度も打ちまくることになる。そこには、私が過去20年間にわたる試行錯誤の末につかみかけていた原稿執筆のコツがいともさらりと明快に書かれていたからだ。本書はアカデミック・ライティングのための〝心の初期化〟の指南書である。研究者や学生が「たくさん書く」ためにはどうすればいいかについて、心理学者である著者は具体的な実例を挙げつつその心理学的な根拠とともに論じている。本気で〝書く気〟のある研究者にとっては必読書だ。心理学者おそるべし。少なくとも「シルヴィア前」と「シルヴィア後」ではもの書きとしての私は〝別人〟になったとさえ言い切ってしまおう。

文章を「たくさん書く」ために本書が提示する心構えはとてもシンプルだ。それは徹底的な「スケジュール派（schedule-follower）」であれという一点に尽きる。著者の言うスケジュール派は【時間確保】【計画厳守】【弁解無用】の三箇条のスローガンを死守する。つまり、書く時間をあらかじめ設定し、万難を排してそのスケジュールを死守するのがスケジュール派の書き手である。善玉のスケジュール派に対する悪玉は「一気書き派（binge-writer）」と呼ばれる。書くことを「スケジュール化」するという表現は何だか〝ビジネスマン〟的で確かに違和感があるのだが、原稿を書かねばならない〝場所〟と〝時間〟を自分で意識的に設定するという心構えは確かに必須だろう。

一気書き派は、たとえば「もっと時間があったら書く」とか「機が熟してから書く」とか「もっと調べてから書く」という書かないための見苦しい言い訳を繰り返す。書かないことの罪の意識に苛まれつつ、なお書くことを先延ばしにしたあげく、締め切り間際まで追いこまれてからドロナワ夜なべ仕事で書きまくるスタイルが著者が嘲笑する一気書き派だ。とても耳の痛いことばである。私もかつては日中に全然書けなかった原稿を、徹夜で書くという昭和レトロな流行作家みたいな真似をして、続く数日間はぜんぜん使いものにならなくなった経験がある。短期的に無茶なことはできても長期的に見ればまったく持続可能ではない。

研究者が原稿仕事を進める上で行く手を阻むさまざまな〝障壁〟があると言われるが、それはほんとうだろうか。著者は執筆の〝障壁〟をひとつひとつ挙げてはそれが見かけだおしにすぎないと論破していく。第一の障壁とされる「書く時間がとれない」「まとまった時間さえあれば、書けるのに」(シルヴィア 2015, p. 12) という言い訳を著者は【時間確保】と【計画厳守】というスローガンのもとに一刀両断する。

——「書く時間は、その都度「見つける」のではなく、あらかじめ「割りふって」おこう。文章を量

産する人たちは、スケジュールを立て、きちんと守っている。それだけの話だ」（同上、p. 14）

同様に、「準備（設備）がまだ足りない」だの「書く機運が熟していない」だのという理由に対しても【弁解無用】というスローガンを掲げて折伏する。うだうだ弁解する間があったら、四の五の言わずに規則正しく書き続けろということだ。

このように、「たくさん書く」ための【時間確保】【計画厳守】【弁解無用】という三つのスローガンを提示した著者は、続けてそれらのスローガンを貫徹するための数々の具体的方策を述べる。著者が挙げる第一のポイントは、書く意欲や動機をいつまでも保ち続けるための目標設定である。しかし、単に最終ゴールを示すだけでは動機づけとしては弱いとみなす著者は、【細分目標】というアイデアを示す。たとえば、「本を書く」という遠大な（したがって抽象的な）目標設定ではなく、「今は1段落書く」とか「今日は400字書く」というように具体的な【細分目標】を設定せよと言う（同上、pp. 34-38）。遠くを見ずに足元を見よという【細分目標】のモットーは、あとで具体例をいくつも示すが、きわめて重要な役割を果たす。

【細分目標】が設定できたならば、次は執筆進捗の把握である。【細分目標】がどれだけ進捗したかを毎日きちんとモニターせよと著者は主張する。

「執筆の進み具合を把握しておくことは、書くためのモチベーションを維持するうえで、さまざまな効果がある。まず、進み具合を把握していれば、目標が明確になってくるので、目標を外すことがなくなる。（中略）第二に、自分の行動を見張っているだけで、机に向かって書くのが楽になる。行動研究からは、自己観察だけで、所望の行動が誘発されることがわかっている」（同上、pp. 45-46）

上では、執筆モニタリングはあくまでも書き手自身による進捗の把握にとどまっている。しかし、著者は、さらにもう一歩踏み出して、書き手だけではなく、書き手を含む社会的グループのなかでの【公開加圧】というアイデアを提唱している。著者は所属大学のなかでインフォーマルな会を立ち上げ、どれだけ書けたかを相互に公開するという事例を紹介している。私はツイッターを利用してこの【公開加圧】という やり方を今も実践しているが（後述）、自分でも驚くほど効果的である。自分が短期的にどれくらい進捗したかをそのつど（鍵なしアカウントで）ツイートして、日ごとに集計して公開すればタイムスタンプが入った正確な執筆進捗の把握ができる。さらに、私の場合は自分の日録（三中 2003-2020+）にツイートを束ねて集計している。

著者はさらにもうひとつ重要なモットーを提示する。

「文章を紡ぎ出すのと、できた文章を手直しするのは、同じ執筆作業であっても、まったく別の側面だと言える。同時に行わないこと。（中略）ところが、不備な箇所も不適切な表現もない完璧な第1稿を書こうとする人がいて、そういう人は、まず間違いなく、文章の執筆が不得手な人だ。そもそも「完璧な第1稿」を追求するというのが間違っている。文をひとつこしらえては5分思い悩み、一度消してもう一度こしらえ、今度は何語か書き換えて、いらいらしまくったあげくに次の文に進むなどということをしていたのでは、ストレスが溜まってしかたがない。完璧主義に陥ると書けなくなる」（同上、pp. 92-93）

文章を書くときは、完璧でなかったとしても（それがふつう）、とにかく書き進むこと――著者の言うこの主義を私は勝手に【拙速主義】と読み替えている。書き進むときは他のことは考えずにひたすら書き進む。この拙速主義を旨とすることで、文章を書くスピードはものすごく上がる。書いた文章の改訂が必要ならば（当然そうなる）、そのための時間を別に〝割り振る〟のが筋だろうと著者は言う。つまり、文章をとにかく「たくさん書く」ためには【拙速主義】をモットーとせよ。

以上のとおり、シルヴィアの『たくさん書く方法』には論文や本の文章をどんどん書くための実践的な技法が詰めこまれている。私が長年意識せずに使ってきた方法もあれば、この本で新たに学んだことも少なくない。本を書くためには〝文章の神様〟も必要なければ、まとまった時間もいらない。われわれ研究者に「書けない理由」はもはやどこにもない。

3‐3‐4．いかなる進捗もすべて晒せ……『系統樹大全』

シルヴィア本はその後『できる研究者の論文生産術』（シルヴィア 2015）の書名で日本語訳が出版され、私は巻頭に「推薦の言葉」を書く機会をいただいた（三中 2015）。もちろん、ほとんど〝檄文〟のような褒め言葉を連ねたのだが、その最後は次のように締めくくった。

> 「私事であるが、本書に書かれていることをずっと抱え込んでいたある翻訳作業に実際に適用してみたところ、驚異的に原稿仕事がはかどったことをみなさんに報告したい。ある本の翻訳を昨年引き受けたのだが、年末までまったくはかどらず、担当編集者からは匙を投げられた格好になっていた。ところが、本書の原書をたまたま読んで、そこに書かれている「たくさん書く」ためのワザの数々を実際に使ってみたら、驚くなかれ、たった三週間でまる一冊が翻訳できてしまった。本書が店頭に並ぶころには、私の訳したその本も世に出ているだろう。信ずる者は救われる。ひたすら書けば救われる。本書を手にする多くの研究者に幸あれかし」（三中 2015b, viii）

「このエピソードはほんとうに実話ですか？　盛りまくった誇張なのでは？」と問われることがある。

しかし、シルヴィア本の三つの【スローガン】と三つの【モットー】は、実際に自分の執筆作業に当てはめてみて初めてその威力がわかる。実際、そこに書かれている「たくさん書く」ための技法の数々を適用してみたところ、嘘偽りなく原稿仕事が驚異的に捗った。せっかくの成功体験だったので、その経緯を備忘メモとして記しておこう。

マニュエル・リマのカラフルなインフォグラフィクス本『系統樹大全』（リマ 2015）の翻訳依頼をビー・エヌ・エヌ新社から受けたのは2014年9月末のことだった。その後、10月なかばになって翻訳作業の段取りとおおまかなスケジュールについて担当編集者と打ち合わせをした。そのとき、この本は出版社側のつごうで年度内の翻訳刊行が必須であると聞いた。担当編集者が即座に「逆算スケジュール」を作成してくれたが、締め切りのある書きものではよくあることだ。

つくってもらった工程表によると、11月末から12月末までの1ヶ月で本文の翻訳を完了し、年明けから流しこみ開始との予定だった。しかし、例によって、11月から12月にかけては私の公務である数理統計研修やら都道府県の農業試験場への出張などの所用がたびかさなり、とても翻訳する時間がなかった。担当編集者からはたびたび督促されていたのだが、ずるずる遅延するといういつもの立ち往生に陥っていた。

そして、12月もなかばを過ぎたある日、その担当編集者から「正直なところ、このペースですと3月発売もなかなか厳しくなってきている」との〝最終通告〟がメールで届いた。万事休すかと追いこまれたちょうどその頃、あのシルヴィア本の原書を読み進んでいたので、「ひょっとしてこの本のやり方が今すぐ使えるかも」と思い立った。

私が即座にやったことは下記の3点だ。

（1）私と担当編集者のための共有フォルダーをDropboxに開設。
（2）年末の仕事納めと同時に全時間を翻訳に割り振るというスケジューリング。
（3）章ごとの進捗を細かく担当編集者に通知&返信という加圧システムの構築。

年末年始という特別な期間だったことが幸いして、【時間確保】【計画厳守】【弁解無用】の三つのスローガンが堅持できた。

【細分目標】については、各章をパラグラフごとあるいはキャプションごとに分割し、終わるたびに「〜字翻訳だん」とツイートして、タイムスタンプ付きの進捗メモを残した。これは【公開加圧】にもなり一石二鳥だった。最後の【拙速主義】については、翻訳という性格上、草稿段階での〝初期値〟がひどいと、訳し直しに匹敵する多大な労力が必要なので、ほぼ完成状態（＝外に出しても恥ずかしくないレベル）の〝初期値〟になるように心がけた。過去の翻訳経験がこのとき役に立った。

そんなこんなで、スタートしてからほぼ3週間ですべての翻訳作業を完了した。具体的に言えば、冒頭の第1章「象徴樹」の翻訳を始めたのが2014年12月30日（三中 2014c）で、最後の訳者あとがき「知識の大いなる樹——千年の時を超えて」を脱稿したのが2015年1月19日（三中 2015f）だった。確かに3週間で翻訳を完了したことがわかっていただけるだろう。もちろん、一冊まるごとをこれだけ短期間で翻訳し終えたのは初めての経験だった。驚くべきことに当初の進捗予定よりもむしろ前倒しで作業が終わってしまったので、出版されたのは予定どおりの2015年3月だった。この執筆経験を通じて、スケジュール派が最後には勝つことを私は確信した。一気書き派に明日はないのだ。

3-3-5.「整数倍の威力」——塵も積もれば山となる

……『統計思考の世界』『思考の体系学』『系統体系学の世界』

このシルヴィア本の翻訳（シルヴィア 2015）はとても評判を呼んだようで、翌年には早くも続編『できる研究者の論文作成メソッド』（シルヴィア 2016）が翻訳出版されることになった。またしても私に白羽の矢が立って次のような巻頭推薦文を書くことになった（三中 2016f）。

——

「せっかく書くなら、こう書こうよ！　アナタもきっと幸せになれる本」

昨年春に出た前著『できる研究者の論文生産術——どうすれば「たくさん」書けるのか』をすでに手に取り瞬時に洗脳された研究者たちは、それまでの自らの行いを心の底から悔い改め、追い込まれてから原稿をイッキ書きするという過去の悪い習慣を捨て、毎日きちんと執筆時間を確保できるスケジュールを立ててキーボードに向かい、つまらない会議や闖入する来客どもにじゃまされず、時間泥棒でしかないツイッターだの、リア充だらけのフェイスブックだの、お料理レシピを投稿してしまうなどという現実逃避をすることなく、日々着実に原稿を書き進めている——私はそう確信している。え、まだ読んでないって。心配はいらない。今日からでも遅くない。すぐ書店に走りなさい。

ものごとをロジカルに考える習慣が身についているはずの研究者なのに、彼ら彼女らの多くが「塵も積もれば山となる」をいまだに実感していないのは驚くべきことである。たとえば毎日10ツイート分の文字数（１４００字）をつぶやきではなく原稿に当てるとする。10日で１４０００字、1ヶ月で４２０００字つまり４００字詰にして１００枚あまりも書ける。これを3ヶ月も続ければ余裕で新書1冊分の原稿量だ。毎日少しずつでも書き続ければ研究者はまちがいなく幸せになれる。前著『できる研究者の論文生産術』はまさにこの「整数倍の威力」を私たち悩める研究者に伝えようとしたのだ。

しかし、しかしである。私たちはただ原稿を書きさえすればいいのか。たくさん「量」だけ稼いでも、肝心の「質」が伴っていなければ話にならないではないか。前著の読者の多くが感じたであろうこの疑念に対して、姉妹書であるこの『できる研究者の論文作成メソッド――書き上げるための実践ポイント』は詳細かつ具体的な解決案を提示する。『できる研究者の論文生産術』が原稿を書くための「心理作戦」を説明したのに対し、本書は書いた原稿をポリッシュアップするための大技小技を読者に伝授している。

本書では、書いた論文原稿をどの学術誌に投稿するのかから始まって、論文原稿のスタイルについて各部分（序論、方法、結果、考察、そして脚注と文献リストまで）に分けて章ごとに豊富な具体例を示しながら説明する。もちろん、近年増えてきた共著論文を書き上げるための巧妙な心理戦（書かない共著者の尻の叩き方とか）にも触れられている。もちろん、最後に「受理」という甘美な果実を手にするためには、投稿誌の編集者や査読者という強敵と戦い抜くだけの知力と忍耐力、そして決断力が必要である。本書は心理学というひとつの研究分野を念頭に置いて書かれているが、その内容は他の多くの科学にもそのまま当てはまるだろう。

本書の最後の章で著者は書き続けることこそ研究者が生き延びる道であると高らかに宣言する。そう、研究者人生は一発花火ではない。書け、書くんだ！――そのための心得と戦略がここにある。

例によって〝アジ演説〟のような文章になっているが、注目していただきたいのは「整数倍の威力」という表現だ。私自身がまだ〝一気書き派〟から解脱できていなかったかつての「シルヴィア前」時代は、スランプに陥るたびに「そのうちまとめてガーッと書けばいいや」と悠長にかまえていて何度も痛い目に遭った。しかし、この二番目の翻訳本が出た２０１６年以降の「シルヴィア後」時代に入り、私はことあるごとに「整数倍の威力」という表現を使うようになっていた。

原稿執筆のための三つのスローガン【時間確保】【計画厳守】【弁解無用】と三つのモットー【細分目標】【公開加圧】【拙速主義】を踏まえた「整数倍の威力」という簡潔な標語は、もっぱら自分に対する日々の戒めだが、以下のいくつかの実例を見ていただければ、読者のみなさんにとってもこの標語がきっといつか役に立つことがわかるだろう。

２０１６年当時、私が手がけていたのはある統計学本の原稿執筆だった。私のオモテの仕事に直結する内容の本だったので、順調に書いているつもりだったのだがそうは問屋がおろさなかった。遅れに遅れて2年後の2018年6月にやっと出版された『統計思考の世界』(三中 2018d) のあとがきにその経緯についてはくわしく書いたのだが、要するに油断してしまったことが出版遅延の最大の原因だった。

もともとこの本の企画が技術評論社から私のところにもちこまれたのはさかのぼること2009年10月のことだった。そのころ私は勤務している研究所のウェブサイトに統計学に関する連載コラムを毎月公開していて (三中 2012-2013)、そのコンテンツをもとに原稿をまとめれば何とかなるだろうと高を括っていた。確かに一年間の連載で書き溜めた原稿は400字詰にして100枚あまりあったのだが、その程度の〝はした金〟ではぜんぜん足りないこと、すなわち過去に書いた原稿の分量とこれから書く分量とは何の相関もないことを私は知るべきだったのだ。

けっして余裕のある額ではない手持ち金にあぐらをかいているうちに、他の本や連載記事などの仕事がどんどん入りこんできて、『統計思考の世界』はなかば〝塩漬け〟になったまま数年間放置されることになった。そして、事態の進展を何ら見ないまま、2016年の年度末に技術評論社の担当編集者から「立案から6年が経過したので本出版企画の見直しを求められています」との〝最後通牒〟を突きつけられることになった。「シルヴィア前」時代の典型的な〝執筆事故案件〟である。当時の担当編集者にはたいへん申しわけないことをしてしまった。

表１『統計思考の世界』の執筆データ

	テキスト（バイト数）	図版数
まえがき		
プロローグ	14,510	1
第１章	21,557	2
第２章	33,424	10
第３章	25,535	4
第４章	26,848	0
第５章	27,204	0
第６章	37,473	12
第７章	28,110	2
第８章	31,467	7
第９章	31,722	19
第10章	26,708	5
第11章	32,422	20
第12章	26,518	13
第13章	37,402	20
第14章	46,880	27
エピローグ	10,638	2
ブックガイド	9,063	
謝辞	7,204	
文献リスト	24,012	
索引		
	495,601バイト（619.50枚／400字）	144枚

上で言及した『系統樹大全』のときとまったく同じ執筆体制を急いで構築し、２０１６年の５月から８月にかけての約３ヶ月間で残る５００枚（４００字詰）ほどの原稿をすべて書き上げることができた。具体的な章ごとの執筆データを表１に示しておこう。私は原稿を書くときはいつもエディターを用いてテキストファイルとして原稿を書いているので、下記は各章のファイル・サイズをバイト数として示した。かな漢字の全角文字は2バイト＝1文字なので、バイト数と字数の換算は容易だろう（表1）。

この起死回生の策が「シルヴィア後」時代の「整数倍の威力」を私に再認識させることになった。最初からこうしていればあんな窮地に追いこまれることはなかったはずだった。単純に計算してみればわかることだが、495601バイト／800バイト≒619・5（枚）なので、この3ヶ月間（＝92日間）の平均執筆速度は、619・5枚／92日≒6・73（枚／日）ということになる。一日6〜7枚だったら不可能な分量ではけっしてないはずだ。

表2 『思考の体系学』の執筆データ

	テキスト（バイト数）	図版数
プロローグ	22,422	8
第1章	45,186	13
第2章	50,090	17
インテルメッツォ（1）	25,337	1
第3章	61,160	15
第4章	56,184	18
第5章	91,018	27
インテルメッツォ（2）	28,350	2
第6章	77,801	12
エピローグ	38,170	1
あとがきにかえて	15,242	5
文献リスト 索引	48,181	
	554,141 バイト （692.67 枚／400 字）	119 枚

『統計思考の世界』の原稿はこうして仕上がったのだが、タイミング悪く別のある本の執筆が入ってしまったため、初校ゲラは翌年2017年7月に出て、実際の刊行はさらに翌年の2018年6月までもちこされることになった。この「別のある本」とは春秋社から刊行された『思考の体系学』（三中 2017c）である。この本は2015年12月に春秋社から出版企画案が提示され、『統計思考の世界』が脱稿した2016年8月から原稿を書き始めて同年12月に執筆完了した。『思考の体系学』の執筆データは表2のとおりだ。

これまた単純計算すれば、５５４１４１バイト／８００バイト≒６９２・７（枚）なので、８〜12月の５ヶ月間（１５３日間）では６９２・７枚／１５３日≒４・５３（枚／日）という平均執筆速度になる。毎日４〜５枚だったらさらに楽に書けるはずだ。本書は２０１７年３月上旬に初校ゲラが出て、同月下旬に再校ゲラを出して校了。そして２０１７年４月に無事刊行された。本書の執筆スタイルは私にとっての「シルヴィア後」時代の到来を高らかに宣言した。

さて、この２０１７年には、私はもう一冊の本の執筆をすることが運命づけられていた。それは、勁草書房の新シリーズである〈けいそうブックス〉創刊最初の本として２０１５年１月に勁草書房から出版企画案の提示を受けた『系統体系学の世界』（三中 2018c）である。『思考の体系学』が出版された直後の２０１７年５月に執筆を開始し同年12月に脱稿した。執筆データは表３のとおりだ。

表３　『系統体系学の世界』の執筆データ

	テキスト（バイト数）	図版数	チャート数
まえがき	16,076 バイト	1	0
プロローグ	46,383 バイト	0	0
第１章	240,869 バイト	30	7
第２章	161,756 バイト	10	11
第３章	253,218 バイト	24	13
第４章	105,321 バイト	7	0
第５章	136,258 バイト	4	0
エピローグ	42,242 バイト	0	0
あとがき	17,479 バイト	1	0
謝辞	11,147 バイト	1	0
文献リスト	※		
索引			
	1,030,750 バイト（1288.44 枚×400 字）	78	31

※文献リストは各章末に含まれる（後に抽出して巻末一括化）

『系統体系学の世界』はほぼ1300枚という怒濤の分量だったが、もうすっかり「シルヴィア後」時代に適応していた私の辞書にもはや「不可能」の文字はない。2017年末に全原稿を脱稿し、翌2018年2月に初校ゲラ、同3月に再校ゲラが出て校了。そして2018年4月に出版された。何はともあれ〈けいそうブックス〉のスタートに間に合ってよかった。

上の執筆データからちょっと計算してみると、1030750バイト／800バイト≒1288（枚）なので、5〜12月の8ヶ月間（245日間）では1288枚／245日≒5・26（枚／日）という平均執筆速度だった。一日で約5枚だから書けないわけがない。だって、140字のツイートに換算すればたった15ツイート分にしかならないだろう。ということは、無駄な（失礼！）つぶやきをちょっとだけ我慢して、その分の執筆パワーを原稿に振り向けるだけですむ話じゃないか。それは誰にでもきっとできるはずだ（よほどの〝ツイ廃〟でないかぎり）。

「整数倍の威力」という標語のポイントは書き手に無理をさせない点にあると私は理解している。たとえば、たった一日で原稿を100枚まとめて書けと命じられても、時間的に書けるはずがないことは誰しもすぐにわかるだろう。しかし、10日で100枚だったらどうか。10枚／日だったら調子が良ければ書けないこともないだろう。では、さらに日数を伸ばして30日で100枚だったらどうか。3〜4枚／日ならさらに現実味は増すにちがいない。短期間に集中して終わらせるのは精神的・肉体的に困難だが、毎日の分量はたとえ少しずつでも日数をかけさえすればゴールに到達するという点が原稿執筆の上ではとても重要だ。とりわけ、本のように分量の多い原稿仕事の場合はこの点は決定的な意味をもつ。塵も積もれば山となる。千字の文も一字から。

3-4. まとめよ、さらば与えられん――悪魔のように細心に、天使のように大胆に

前節で具体的な例を挙げて論じた「整数倍の威力」は、要するに「遠くを見ないで足元だけ見て毎日書き続けろ」といういわば〝微分的〟な指令である。少なくとも、原稿をたくさん書くという目的にとって、その指令がきわめて効果的であることは私が上で示した実例が物語るとおりだ。しかし、原稿をたくさん書いたとしても、そのあとはどうすればいいのだろうかという問題が当然浮上してくる。シルヴィアの続編『できる研究者の論文作成メソッド』（シルヴィア 2016）はまさにこの問題を中核に据えて論じている。

以下では、〝微分的〟に書き溜められた文章の堆積をどのように〝積分的〟にまとめ上げればいいのかについて〝私案〟をいくつか提示しようと思う。あくまでも私案なので、はたして汎用性があるかどうかはわからないが、少なくとも今の私にとってそれらは十分に役に立っている。さらに加えて、本という実

体に付随するさまざまな〝パラテクスト〟（松田 2010）たち――目次・註・文献・索引・図版・カバー・帯――が、本文テクストの効果的なまとめに貢献している点にも言及する。

3‐4‐1．チャートとしての目次

第1楽章の1‐7節で、私は読者の立場から「目次さえ目を通せば、本の内容の全体構成や論じられているテーマを効率的に読み取ることができ、いわば『短縮された読書』という目的を達成することができる」（p. 66）と述べた。しかし、目次は読者にとってのみならず、著者にとってもきわめて重要な役割を演じる。目次は書き手が細かく書き溜めた文章の断片をときどき整理してまとめるときの〝チャート〟として用いることができるからだ。

仄聞するところでは、著者によっては担当編集者に書くべき本の目次構成を提示してもらい、それに合わせて文章を書いていくということも実際にあるらしい。しかし、私にはそういう落語の「三題噺」のような芸をお見せできる才能はまったくないので、自分が本を書くときには必ず目次案を自分でつくるところからすべては始まる。文章を書き進めるためのチャートすなわち地図の役割を目次案は担っている。

これまでの経験でいえば、本のタイトルとサブタイトルは出版企画が提示されたその場でたいてい瞬時に思いつく。書名さえ思いつかなかったらその企画はそもそもだめだったと思った方がいいだろう。問題

は中身だ。まずはじめに、書こうとする本のおおまかなイメージを描く。このときは思いつくキーワードのカテゴリー化と相互関係のツリーあるいはネットワークを書き出す。全体的な配置がある程度固まってきたら、目次の章立てと下位の見出し、そしてできればその下の小見出しくらいまでをざっと書いてみる。これで最初のたたき台である「目次案」ができあがる。

ここで重要なことは、その目次案のとおりに原稿を書くか（そもそも書けるか）どうかはどうでもいいという点だ。目次案はあくまでもそのときに自分で決めた本全体を記述する〝モデル〟のような道具に過ぎない。その〝モデル〟のとおりに原稿執筆が進むわけでは必ずしもないし、ましてやその〝モデル〟が何らかの意味で「正しい」かどうかを問うのは愚の骨頂だ。われわれ著者はとにもかくにも次の一歩を踏み出すための道具としてその目次案（モデル）を手にしたに過ぎない。

さて、自分が用意した目次案に沿って一歩また一歩と歩き出す。ここから先はすでにくわしく述べてきたように、「シルヴィア後」世代の著者ならば原稿執筆のための三つのスローガン【時間確保】【計画厳守】【弁解無用】と三つのモットー【細分目標】【公開加圧】【描速主義】を遵守しつつ、「前を見るな、足元だけ見よ」とつぶやきながらひたすら書き進めるだろう。書いている最中はきっと目次案の全体像は眼中になく、あくまでも目の前のディスプレイに映る文章の切れ端しか見えていないはずだ。それでいい。

何日か経てばそれなりの分量の文章が書けているだろう。順調に進めば「まえがき」や「序論」の文章がかたちを成し始めているかもしれない。ここで、書き進めた文章に照らして、最初の目次案を見直すという作業が入る。目次案そのものは「何もない」状態で想定したに過ぎない。しかし、実際に文章を書き進めてみると、よりどころとなる目次案をそのまま使い続けていいのか、それとも何か修正すべき点があるのではないかという論点が浮かび上がってくるだろう。たとえば、まえがきを書いてみたら本論で論じるべき新たなテーマに気がついたとか、第1章と第2章は順番を入れ替えた方がいいのではないかとか、専門的な内容は補遺を設けて追いこんだらどうかなどという修正案である。

もちろん、まだ書き始めたばかりなので、あまり先の章のことをあれこれ考えてもしかたがないだろう。しかし、少なくともいま書き進めている章の構成（見出しや小見出しなど）については、かなり具体的な要修正箇所が見えてくるにちがいない。その検討結果として、当初の目次案を加筆修正した「目次改訂案」ができあがる。引き続き、この目次改訂案に従ってさらに原稿執筆を進めることになる。以下、この「目次案→原稿執筆→目次改訂案」というループを繰り返すことにより、目次と原稿の相互チェックのサイクルが書き終わるまで続くことになる。

たとえば、私が『系統体系学の世界』（三中 2018c）を書いたときは、担当編集者に最初の手書き目次案を提示したのは2016年9月30日だった。前節でも書いたように、この本は2017年5月から本格的に執筆を開始したのだが、目次案は逐次的に書き換えられ、脱稿する同年12月にいたるまでに計11回にわたる修正があった。また、『思考の体系学』（三中 2017c）の執筆の際には、目次案はさらに多い計18回に及ぶ改訂がなされた。

あくまでも漸次的な目次案の改訂を私は目指している。目次と原稿とのこの相互チェックシステムは、科学哲学者カール・R・ポパーの言う「漸次的社会工学（piecemeal social engineering）」すなわち「ピースミール社会工学」（ポパー 1980, p. 158）を念頭に置いている。ポパーのこの用語は〝善〟を探求して獲得するのではなく〝悪〟を発見して除去するという基本方針に準拠した社会変革の主義である。〝モデル〟としての目次案には原稿執筆をする上で障害となる要素がおそらくまちがいなく含まれているだろう。原稿を書き進める上でそのような障害が見つかるたびにそれをひとつひとつ除去していけばよりよい目次改訂案へと変革を進めることが期待される。もちろん、世の中には漸次的ではない急進的なやり方もあり得るだろう。それまで書き溜めた原稿をすべて破り捨てて（＝原稿ファイルを消去して）、一から新しい目次案を立てて最初から原稿を書き直すというやり方だ。そういう急進的な執筆スタイルをけっしてしないのは私が根っからの〝ポパー主義者〟だからにちがいない。

上のやり方で目次と原稿との〝すり合わせ〟を繰り返し行なうと、原稿が書き上がる最終段階では両者は〝相互収束〟することになる。一方の原稿テクストはたび重なる漸次的改訂を受けた目次によって緊密にまとまる。他方の目次はまとめ上げられた原稿に最大限フィットしているので、書かれた全内容の的確な要約として機能する。目次と原稿との関係は、統計学でいう〝モデル〟と〝データ〟との関係と同じである。

こうして原稿によって鍛え上げられた目次は、書き手にとって有用であるばかりでなく、すでに述べたように読み手の便宜にもおおいに資するだろう。

3-4-2. 土俵としての文献リスト

これもまた第1楽章で述べたことだが、私が本を書くときは必ず文献リストを付けるようにしている。それはほかならない自分のためである。自分が書いた本をあとで検索するときに文献リストがないようでは資料価値はないも同然だ。そんな〝紙くず〟みたいな本なら最初から書かない方がましだろう。もちろん、読者のなかには、詳細にわたる文献の引用や参照には関心のない向きもあるかもしれない。それはそれでいい。しかし、私としては詳細な文献リストがない本は論外というしかない。学術書であろうと一般書であろうと（両者に本質的な差異はないのだが）、文章を書くときには必ず典拠が必要になる。引用をするのであれば当然だが、参考にする場合でも誰がどこに公表した見解なのかを明示することは、その著者に対するそして読者に対する最低限の礼儀だろう。

私が文献リストにこだわるのは、単に読者としての立場からだけではない。適切に文献リストをつくることは、私が著者の立場から原稿を書くときの土台となる専門知の〝土俵〟づくりに相当するからだ。実際、私が原稿を書く素過程を再構築すると、文章を書きながら参考文献が必要になれば、そのつど該当文献を探し（リアル居室あるいは電子空間のなかで）、その文献が特定されれば章末の文献リストに項目として追加記入する。ひたすら足元だけを見ながら書いているときは、成長中の文献リストには項目がひとつまたひとつと蓄えられていく。しかし、文章がある程度書き溜められたときに、その時点での文献リストをあらためて見ると、その章あるいは節で私が展開しようとする議論の〝土俵〟がいつの間にかできつつあることに気づく。

引用されたり参照されたりした文献の集合は、多くの場合たがいに関連づけられた研究ネットワークを反映している。そして、そのネットワークの背後には研究者コミュニティーが広がっているだろう。あるテーマあるいはトピックに関して私が文章を書きつつある文献を参照したならば、私はその文献が生まれた研究者コミュニティーの一角に入りこんでいることになる。だから、私が原稿を書きながらリストアップした文献の集まりはひとつあるいは複数の研究者コミュニティーにまたがる議論の〝土俵〟を形成していることになる。

いったん、文献リストという名の〝土俵〟がつくられたならば、その〝土俵〟は自律的に動き始める。

つまり、つくりかけの〝土俵〟は自らの力でよりよい〝土俵〟を目指すということだ。それは執筆している原稿の内容にもさまざまな作用をもたらすだろう。たとえば「この文献が参照されるのであれば関連するあの文献にも言及すべきだろう」とか「この文献ならば日本語訳があの本に所収されていたはずだ」などというささやきは頻繁に私の心に聞こえてくる。そのささやきを次なる原稿執筆に反映させることにより、原稿と文献リストの間の相互作用がサイクルとして起動することになる。こうして、ある章を書き終えたときには、原稿の内容と文献リストの項目との間にはその時点でベストの対応関係がつくられているだろう。章ごとにまとめられた文献リストは最後には巻末に一本化される場合が多い。

基本は当該文献の正しい書誌情報を記載することに尽きるが、現実はそう簡単ではない。文献リストに潜むさまざまな〝闇〟については第1楽章1-7節で実例を挙げて説明したとおりだ。執拗にかつ徹底的に文献リストを鍛え上げることは、その本が出版されたあとも続くと考えたほうがいい。私の場合、著書が出るたびに可能なかぎり「コンパニオン・サイト」を開設し、その本に関するさまざまな情報とともに、文献リストについては私のウェブサイトを通じて電子版を公開して現在にいたるまで加筆修正のアップデートを続けている（たとえば三中 2017c, 2018c, d）。ほんとうにきりがないが、それもこれもすべては自分のためである。

3-4-3.〝初期値〟からの山登り──書いた文章を作品にするには

事前に用意した目次案は執筆する上でのチャートであり、暫定的な文献リストは文章を展開する土俵である。このふたつがあれば私は安心して足元だけを見ながら文章を書き進めることができる。文章を書いてはみたものの、どうにも気にいらないのでまた最初から書き直すという人も世の中にはきっといるにちがいない。しかし、いったん書いた文章をすべて〝初期化〟して最初から書き直すという選択肢は壮大な時間と労力の無駄であることもまた明白だ。それくらいだったら、チャートである目次案と土俵である文献リストを事前にしっかりつくりこんだ上で執筆を開始する方が、書いている途中で予期しない〝難破〟や〝遭難〟に遭って立ち往生するリスクは下がるだろう。

では、あるひとつの章あるいは節を書き終えたならば次に何をすべきだろうか。もちろん、書く勢いが続きそうなら、さらに書き進めるという手もあるだろう。しかし、できればどこか執筆が一段落したところで、それまでに書き溜めた文章の見直し（推敲）をするというのが私のスタイルだ。足元だけ見ながら書き溜めたひとまとまりの文章がそのまま〝完成品〟となることはまずないだろう。私がたった数百字の新聞書評を書くときでさえ、原稿は何度も見直して加筆修正し、担当編集者に送ったあとも、繰り返し書き直すことはよくある。ましてや、一冊の本ともなれば、いくらでもどこまでも書き直したくなるのは著者としては当然の心理だろう。

書き溜めた文章と目次案との照らし合わせが必要であることについてはすでに述べたので、以下ではもうひとつの論点に目を向けよう。それは、書いた文章の〝磨き上げ〟である。系統推定論の数理計画法では、あるパラメーターの〝初期値〟を与えた上で、ある〝目的関数〟を最大化あるいは最小化するようにパラメーター値を最適化する「山登り法（hill-climbing method）」という方法がよく用いられる。書いた文章をよりよいものに磨き上げていくやり方はこの山登りと同じだと私はみなしている。

あるひとまとまりの文章を書き終えたとき、その文章は〝初期値〟である。数理計画法の初期値は「乱数」として与えられるが、幸いなことにわれわれの書く文章はでたらめではない（だろう）から、乱数よりはずっとましな初期値である。それでも、よりよい文章となるための〝目的関数〟――用語・文法・論理・段落・修辞などなど世間的に認められたさまざまな評価基準がある――を設定したとき、初期値の文章には数多くの加筆修正を要する箇所がきっとある。それをひとつひとつ小規模な手直しをすればすむこともあれば、場合によってはパラグラフの入れ替えなど大規模な手直しが必要なこともあるだろう。

しかし、文章を磨き上げるための目的関数は必ずしも上に挙げたような〝公的〟な基準ばかりではない。プレリュードで書いたように、私が長い文章を書くときにはたいていふたりの人格が交差している。一方の〝善良みなか〟はまじめにこつこつ書き上げて、上の〝公的基準〟を守りつつ文章のまっとうな磨き上げをしようとする。ところが、そのとき、もう一方の〝ワルみなか〟がたえず背後からこうささやきかける。「ほら、そこの文はもっとひねりをいれて〝含み〟をもたせないと」「あかん、その書きぶりではうすっぺらすぎるから、行間に〝念〟をしっかり埋めこんで」「お前はアホか。そんなストレートに書いてどうする。ネイティヴ京男やったらちゃんと〝いけず〟を書かんかい」。そんなわけで、世に認められた〝公的基準〟とパーソナルな〝私的基準〟の二重人格的な渾然一体のなかで文章を加筆修正すれば、できあがった完成品の文章が私ならではの字面のオモテと行間のウラをあわせもつ文体になるのは当然のことだろう。

初期値からの山登りにどれくらい手間がかかるかは、初期値の〝できのよさ〟にかかっていることは言うまでもない。いいかげんに書き上げた文章を初期値として手間ひまかけて山登りさせたとしても、小手先の書き直しではどうにも先が見えないことはある。数理計画法でいう〝局所最適解（local optimum）〟に陥ってしまって身動きが取れなくなった状態だ。初期値のできがよければもう少しましな最適解に到達できるかもしれない。

私が過去に経験した最悪の事例は、とある翻訳本に関わったときだった。「すでに別の人たちが用意した〝下訳〟があるので大丈夫です」と聞いていたのだが、その下訳がぜんぜん大丈夫じゃなくて、初期値としてはまさに〝乱数並み〟のできだった。上に書いたように、初期値がだめだと細かな手直しではしょせんどうしようもない仕上がりしか期待できない。そんなわけで、残された選択肢はただひとつ、下訳のほぼ全体を反故にして一からの訳し直しだった。すでに初校ゲラまで出ていた段階だったが、文字どおり「耳なし芳一」のようにそのゲラの〝マルジナリア〟を修正訳文というか置換え訳文で真っ赤に埋め尽くした（自他共に許す〝マルジナリアン〟の山本貴光ならきっと大喜びしたにちがいない）。私にとってはとても貴重な、しかし二度目は絶対に勘弁してほしい翻訳経験だった。

文章改訂の〝山登り〟には終わりはない。数理計画法では目的関数を大域的に最適化する〝大域最適解（global optimum）〟という概念がある。原稿を書くときにもそういう究極の大域最適解があるのではないかと勘ぐる向きもあるだろうが、ご安心を。そんなものはないと私は信じているし、あったとしても気にする必要はない。利己的な書き手である私は自分が書いた文章を、自分の手で山登りさせた結果がすべてであると明言したい。もちろん、さまざまな〝蟲（バグ）〟が最後まで潜んでいて、書店に並んだあとでそれらが〝発見〟されるという失態は過去にいくらでもあるのだが、それはしかたないだろう。

3-4-4. 註をどうするか

これは個人的な好みなのかもしれないが、私は註（脚註・後註・傍註などを含む）が大嫌いだ。本を読んでいて註の番号を見るたびにすぐさま章末や巻末に〝強制連行〟されるのは気分がよくない。同じ頁の欄外に置かれる脚註ならばまだ〝罪は軽い〟が、それでも本を読む目の〝動線〟が断ち切られるのでわずらわしいことこの上ない。註が引き起こすさまざまな弊害については第1楽章1-12節で触れたとおりだ。

読者の立場ではなく、著者の立場から言っても、私は註のある文章は極力書かないようにしている。引用文献の文中指示（文献リストへの）を除外するならば、私はこれまで註のある本はほとんど書いたことがない。註に書くべき内容があったとしたら、それは本文中に書けばいいわけであって、わざわざ註に追いこむまでもないだろう。文章の論旨展開から言っても見通しの効かない〝脇道〟に註を配置するよりも、〝本道〟に沿ってすべて見えるようにその内容を並べる方が文章のまとまりを保てるので著者にとっては安全安心にちがいない（もちろん読者のためにもなる）と私は思う。

註をほとんど書いたことのない私があれこれ言うのもなんだが、いろいろな本や論文の註を読むと、「これは註ではなく本文内にあった方がいいのではないだろうか」と感じる事例が少なくない。つまり、註だからといって一般読者には関心のない付帯的で専門的な内容とはかぎらず、実は本筋に深く関係する場合が意外に多いということだ。本文を刈りこんだ上で〝余分なもの〟を註に押しこむというやり方は、一方では論旨をより見やすく明確にできるという利点があるが、他方ではあまりに刈りこみすぎて全体がやせ細ってしまうリスクもあるだろう。私はそれくらいだったら本文をもっと膨らませておく方が好ましいと感じる。

このように、さんざん註をけなしておきながら、実は本書にはたったひとつだけ実験的に後註を付けた箇所がある（その探索は読者への宿題とする）。首尾よくその箇所が見つかったならば、本文から後註に飛ぶときに読書の〝動線〟がどのようにちぎれるのかを実体験していただきたい。

3‐4‐5．本文テクストと図版パラテクストの関係

本文中に挿入される〝パラテクスト〟である図版・図表・写真に関しては、書こうとしている本によっても、また著者や出版社の意向によっても取り扱いがさまざまだろう。私が出してきた本では自分で描画した図版が多かった。前世紀末の『生物系統学』（三中 1997）の図版はすべてロットリングで手描きしていたが、さすがに今世紀に入るとパソコンを使った図版作成になり、近年出した本ではもっぱら Adobe InDesign®を用いて図版を組版している。図版や写真のハンドリングに使用されるソフトウェアは今ではいろいろある。

本のなかの図版は、私が知るかぎり、概してその扱われ方が本文と比較すれば軽んじられているかもしれない。もちろん出版に関わる経費を考えれば図版などのパラテクストにお金をかけるわけにはいかない事情は十分に承知している。それでも、テクストとパラテクストのアンバランスさは何とかならないものか。

系統樹のカラー図版集である『系統樹曼荼羅』（三中・杉山 2012）の出版企画の打ち合わせを駒場でしたとき、共著者である杉山久仁彦が私に対して「ミナカさんのこれまでの本は図版の取り扱いがなってませんね」とはっきり言ったことを私は今でもよく記憶している。確かに、それまで私は何冊も本を出していたにもかかわらず、本文テクストは気にしていたが、図版のサイズやクオリティに関してはあまり関心を払っていなかった。しかし、アート・ディレクションが本業の杉山にしてみれば、それは図版に対する評価が低すぎると捉えたようだった。

『系統樹曼荼羅』の図版はいずれも杉山がハンドリングし、原本からの高精細スキャンはもちろん、画像編集からカラー印刷にいたるまですべての工程を担当した。さすがにそれまでの私の本とは段違いの図版のできばえだった。〝学魔〟と称される高山宏がちくま文庫に入ったアーサー・O・ラヴジョイ『存在の大いなる連鎖』の文庫版解説（高山 2013）のなかでこう評してくれたことはたいへんありがたかった。

「以上すべての本に致命的に書けて《ママ》いるヴィジュアル資料は、これはまた驚くばかりに総覧させてくれる近来の奇書として三中信宏『系統樹曼荼羅』を心から推輓しておこう（NTT出版、二〇一二）」（高山 2013, pp. 642-643）

図版ごとに付されている解説文（レジェンド、キャプション）を通じて、図表と本文とを結びつけることができるかもしれない。全部で100葉以上の図表が含まれている『系統体系学の世界』（三中 2018c）では、試行的にそれぞれの図表に詳細な解説文を付けてみた。ときには、私にとっては例外的な註のような性格の背景説明をした図版もある。

同じ一冊の本のなかでも、図版などのヴィジュアル要素は本文テクストに接しつつ〝パラテクスト〟としての独自の世界を創っている。たった一枚の図版に含まれる豊かな情報と奥深い解釈がもたらす読み解きの魅力は、読者にとっても意義があると同時に、文字テクストと図像パラテクストとを同時に編集する技量が著者に求められる。これは単に文章を「たくさん書く」こととはまた別のテーマにつながっていくのかもしれない。

3-4-6. その他のパラテクストたち——索引・カバー・帯

本文原稿をすべて書き終えても著者に安らぎの日々はまだやってこない。もちろん初校ゲラがどさっと届いて必死で加筆修正をしても、そのあとにまだやることがある。そのひとつは索引項目のピックアップだ。全ページを見渡しながら索引に盛りこむべき主要なターム（事項と人名など）を拾っていくという索引づくり（「インデクシング」）は著者にとっても担当編集者にとっても地道で根気のいる作業だ。すべての索引項目をフラットに並べる形式にするか、それとも階層的に構造化された形式にするかはケースバイケースだが、索引を読む側からすれば、階層化された索引の方が読みやすいかもしれない（つくる側はたいへんだが）。索引づくりの奥深い世界については他書を参照されたい（The University of Chicago 2003; Mulvany 2005; 藤田 2018, 2019）。

さらに、索引づくりの仕事とほぼ同時に、カバージャケットと帯のデザインとコンテンツの決定をしなければならない。カバーと帯についてはデザイナー側にまかせればいいのだが、ときとしてその内容（文面や図案）をしっかり確認しないとあとでまちがいを指摘されることもあるので気は抜けない。講談社現代新書の『系統樹思考の世界』（三中 2006）と『分類思考の世界』（三中 2009）では、カバージャケットの裏側に大きな図版を印刷するという〝遊び〟をさせてもらったが、最近はそういう余裕が出版社側にあるかどうかはさだかではない。

いずれにしても、索引づくりが終わり、カバージャケットと帯が決まれば、本の完成まではもう一息、ゴールはすぐそこだ、頑張れ。

3-5. おわりに——一冊は一日にしてならず……『読む・打つ・書く』ができるまで

この第3楽章では、これまで私がさまざまな本を書いてきた経験を踏まえてそもそも研究者が単著本を書く意味と意義、書くと決めたらどのように進めればいいかの実践技法、原稿を書き上げるにあたって注意すべきことについて述べてきた。私自身はきわめて利己的な性格なので、本を書くことが自分にとってどれくらい役に立つのか、そのために留意すべきことは何かに着目して書き進めてきた。したがって、自分が書いた本が他の読者にはたして役に立つのかどうかなどという（私にとっては）どうでもいい論点については華麗にスルーしてしまった。

私が本書『読む・打つ・書く』の出版企画を東京大学出版会から受けたのは２０１９年６月のことだった。本郷のとある喫茶店で旧知の担当編集者と打ち合わせをした後、書くべき本のタイトルをまず考えた。２ヶ月後の８月になって『読む・打つ・書く』というメインタイトルを伝え、そのまま了承された。目次の原案を東大出版会に送ったのは８月29日のことだった。

実際に執筆がスタートしたのは翌年２０２０年に入ってからのことだ。６月上旬に「パイロット原稿」という名目で「本噺前口上」の原稿を送り、それを契機に７月はじめには続く「プレリュード」を書き終えた。本論部分を本格的に執筆開始したのは７月末からだった。９月11日の脱稿までの執筆進捗に関する執筆データは表４のとおりだ（謝辞・巻末文献リスト・索引は除く。なお文献リストはこの原稿段階では各章末に含まれていて、後の改訂の過程で抽出して巻末に一括化することになった）。

表４　『読む・打つ・書く』の執筆データ

	テキスト（バイト）	開始	終了	日数	バイト／日数
本噺前口上	9,718	0609	0610	2	4,859
プレリュード	16,090	0622	0702	11	1,463
第１楽章	109,251	0730	0811	13	8,404
インターリュード (1)	29,211	0822	0824	3	9,737
第２楽章	184,258	0812	0822	11	16,751
インターリュード (2)	31,384	0824	0826	3	10,461
第３楽章	117,799	0826	0909	15	7,853
ポストリュード	22,607	0910	0911	2	11,304
本噺納め口上	10,913	0910	0911	2	5,457
	計 531,231 バイト（664.04 枚×400 字）			計 62 日	平均 8,568.2

この表では、これまで事例として挙げた私の本の執筆データよりも細かく記録した。各章の執筆開始日と終了日からその期間の平均執筆速度を計算できる。全角１文字＝２バイトで変換すればわかるように、一日あたりの字数は全執筆日数で平均して約４０００字あまりとなった。章によって執筆ペースにばらつきはあるが、４００字詰原稿用紙にすると一日あたりだいたい10枚程度の分量を書き続けたことになる。

最終的に、本書『読む・打つ・書く』は４００字詰に換算して約７００枚の分量になった。執筆期間は6月上旬から9月上旬の３ヶ月間。実質的にはほぼ2ヶ月に相当する日数ですべて書き上げたことになる。この年は新型コロナウイルス（ＣＯＶＩＤ－19）の流行により、出張も旅行もなくひたすら勤務先と自宅の往復をしていたので、原稿を書く時間が例年よりも長く確保できたことは確かだ。しかし、その特別な事情を勘案したとしても、一日あたりの平均で5～10枚という執筆ペースならその気になれば誰でもできるはずだ。

私は執筆に関して〝超人的〟なことは何ひとつしてはいない。ただ毎日ひたすら地道に書き続けてきただけだ。本書の読者がそこに何かしら〝パワー〟を感じ取ったとしたならば、それこそが「整数倍の威力」にほかならない。最後に勝つのは亀であって、けっして兎ではない。亀に栄光あれ。

これから本を書こうとする著者たちに私は心からのエールを送る。

ポストリュード――本が築く〝サード・プレイス〟を求めて

第1楽章「読む」、第2楽章「打つ」、そして第3楽章「書く」を通して聴いてこられた読者諸氏には、私が経験してきたプライベートな〝本の世界〟とはいったい何だったのかを垣間見てもらえたと思う。レイ・オルデンバーグの言葉を借りるならば（オルデンバーグ 2013）、私にとっての読書・書評・執筆の三本柱がつくる〝本の世界〟は、自宅（〝ファースト・プレイス〟）でも職場（〝セカンド・プレイス〟）でもない「第三の場所（〝サード・プレイス〟）」と言えるだろう。これまでの楽章では、私が築いてきた〝サード・プレイス〟の要所要所を読者にご案内したわけだ。しかし、この〝サード・プレイス〟には他にもお見せしたい場所が残されている。以下では、そのいくつかをご案内することにしよう。

1. 翻訳は誰のため？――いばらの道をあえて選ぶ

私の場合、一冊翻訳を手がけるたびにかなり疲弊するので、出版直後は「向こう10年くらいはいっさい翻訳はやらないぞ」と固く誓うのだが、気が付けばまた翻訳をしてしまう弱い自分がいる。自著の執筆と同じく、他人が書いた本の翻訳の場合でも〝利己的〟な動機があることにはちがいはない。

では、一般論としてそもそも翻訳は不要と言えるのか。それは浅はかな考えだろう。もちろん、先端的な専門学術書ならば、それをまたいで通れないかぎられた研究者たちが原語で読めばいいわけで、あえて翻訳の必要はないだろう。しかし、英語はまだしもフランス語やドイツ語やイタリア語の本をごろ寝して苦もなく読み進められるんですかとか詰問されたら返答に窮するにちがいない。どこかの誰かが訳してくれた（質のいい）翻訳書があれば、それを手にした自分はもちろん勉強になるだろうし、他の読者にとってもきっと利得になるのは確かだろう。わが身を振り返っても当てはまるが、すぐれた翻訳書がきっかけになってある分野への関心をもつようになったり、場合によっては人生の進むべき方向が決まったりすることもある。

各分野の著名な教科書ならばいろいろな言語に翻訳される可能性が高い。翻訳書を求める読者はどこの国にも必ず存在するので、それが役立っていることは誰にも否定できない。自然科学系にかぎって言えば、すぐれた翻訳書を通じて学ぶことで、ある分野の全体を見渡す訓練をするというのが大多数の日本の学生がたどるコースだろう。実際、多くの研究者は学生時代に感銘を受けた翻訳書があると語っている（「科学」編集部 2011）のを見ても、このように、翻訳を通して科学理論や科学的主張が広まっていくことはまぎれもない事実なのだから、それはそれで翻訳の価値はちゃんと正当に評価するべきだろう。

ただ、私の周囲を見回すと、今の研究者や大学の教員に翻訳なんかしている時間がどこにもないというきびしい現実が立ちはだかる。研究者としての対外的な業績評価に際しては翻訳書があっても何のプラスにもならないだろう。翻訳を手がけるのであれば、ひとつの妙案として手練のプロの翻訳者との共訳あるいは監訳という手があるかもしれない。私も過去に共訳（ヨーン 2013；デサール、タッターソル 2020）や監訳（リマ 2018）による翻訳出版をしたことがある。ただし、ある本を翻訳して出版社からいただく印税分配は研究者でもプロの翻訳者でも同一なので、印税収入を考えると、確実に増刷がかかるような翻訳を出さないといけないだろう。それはそれでプレッシャーだ。

そもそも私の場合、翻訳の動機は「自分のためにやる」ことがほとんどだ。多少とも一般向けの本でしかも自分の専門分野に重なるものだと、「この本はもし日本語で読めれば自分にとってシアワセだろうな」

と食指が動く。しかし、ちゃんと訳せて当然、クォリティーの低い訳文だと、読者はもちろんのこと、執拗な〝翻訳警察〟たちにさんざん叩かれるかもしれないリスクがある。翻訳者という艱難辛苦な境遇に自ら進んで身を置く人は、よほど奇特な人を除けば、ほとんどいないと思う。翻訳に値する原書を前にして翻訳によって期待される読者側の「利得」と翻訳するのに必要な訳者側の「コスト」との不均衡があまりにも大きいのが問題だ。翻訳にかかる労力と気苦労を考えると、「いつかどこかで誰かの役に立つかもしれない」という利他的ボランティア精神では続かない。むしろ翻訳という仕事を利己的にやりぬくことはけっして内に向かう守りの姿勢ではなく、むしろ外に向かう積極的な攻めの戦略である。

ただし、翻訳という作業は日本語と外国語の間で格闘する〝気迫（覚悟）〟が必要なので、誰も彼もがこの世界に入る必要はないし、みだりに入らない方がひょっとしたら身のためかもしれない。深く考えもせずに翻訳を手がけると自分もつらいし周囲にとっても迷惑なことになるからだ。私もひとりで一冊翻訳するとしばらくの間は使い物にならなくなるほど疲れ切る。商業出版ベースの上で流通させて読者に金銭的代価を求める翻訳書は、単なるうちわだけで使い回す翻訳文とはそもそも次元が異なる。私自身も何度か経験があるが、プロの翻訳者との共同作業として翻訳書を出すというのが、より現実に即した選択肢のひとつではないかと思う。

私は過去に英語の原書からの翻訳書を数冊出版したことがあるが、あくまでも私的な読書の延長線上で翻訳作業を進めた。幸いなことに出版元から書籍流通ルートに乗ったので公的な性格をもった本となったが、基本的には私的な読書のひとつのアウトプットに過ぎない。だから、自分が訳した本が他の読者にとって何かの役に立ったとしたら、それは想定外の喜びと言うべきだろう。もちろん出版社的にはたくさん売れた方がいいに決まっているし、訳者としてはそのための販促に努めることにけっしてやぶさかではない。翻訳とは、翻訳者的には「私的読書の延長」、読者的には「売っててよかった」、そして批判者的には「もうやめろよ」となるか——いずれにしても、翻訳書はこれからも出され続けるにちがいない。

著書とまったく同じく、翻訳書の場合も参考資料としての価値を決めるのは「文献・脚注・索引」の三点セットだ。しかし、原書にはあるこの三点セットのすべてあるいはその一部を省略するという日本の翻訳業界の伝統的悪弊はいまだに根絶されていない。この三点セットを部分的にせよ省略することは、翻訳書の「価格」をほんの少しだけ下げはしても、資料的な「価値」を致命的に下げる行為だ。価格か価値かと言われたら価値の方が大事だろう。翻訳書にこの三点セットが欠落しているために、わざわざ原書を買い求めたことはこれまで何度もある。

これまで私が翻訳を手がけた事例では、幸い三点セットを切り捨てると出版社から要求された経験はない。近年では本には印刷されないが、ウェブサイト（たとえば出版社サイト）から三点セットをダウンロードできるようにしている場合もある。代替策としてしかたがないとはいえ、そのサイトが永続的であるという保証はどこにもない（出版社が倒産したら当然サイトもなくなってしまうだろう）。それくらいだったら最初から三点セットを本に含めるのが合理的ではないかと私は考える。こういうちょっとしたところで手抜きするのは浅はかとしか言いようがない。三点セットのない本は、翻訳書か否かにかかわらず、参照に値する価値はまったくない。

2. 英語の本への寄稿——David M. Williams *et al.*『The Future of Phylogenetic Systematics』

日本語の本だけではなく、たまには英語の本に章（〝book chapter〟）を寄稿することもある。同じ英語でも、学術誌への論文投稿に比べて、書籍としての論文集に寄稿する機会がぐっと少なくなるのはきっと私だけのことではないだろう。２０１６年６月末に刊行された論文集『系統体系学の未来——ウィリ・ヘニックの遺産（*The Future of Phylogenetic Systematics: The Legacy of Willi Hennig*）』（Williams *et al.* 2016）に寄稿する機会があった。版元であるケンブリッジ大学出版局と担当編集者がどのようにこの論文集の編纂を進めたかをたどるため、原稿依頼から出版までの履歴を時間軸に沿って箇条書きしておこう。

【2014年2月上旬】 編者のひとりから Willi Hennig 生誕百年記念論文集に寄稿しないかとの打診メールあり。その前年2013年11月にロンドンの The Linnean Society で開催された Hennig 生誕百周年記念シンポジウム〈Willi Hennig (1913–1976): His Life, Legacy and the Future of Phylogenetic Systematics〉を踏まえた論文集をケンブリッジ大学出版局から刊行予定とのこと。たいへんありがたい申し出なのでふたつ返事で引き受けた。しかし、原稿の締切が2014年3月末であって、依頼からたった1ヶ月あまりしかないことをうっかり〝見ないふり〟してしまった。当時はまだ「シルヴィア前」だったので、システマティックに自己加圧をする原稿執筆態勢が身に付いていなかったのは悔やまれる。

【2014年2月下旬】 寄稿原稿のタイトルとアブストラクトを提出。書くべき内容についてとくに編者からの事前注文はなかった。というか、もう20年来の知己なので、向こうは私が何を研究しているかを知った上での原稿依頼だったにちがいない。こういうときにこそ研究者コミュニティーでの〝人脈〟が効いてくるように思う。

【2014年10月上旬】 原稿脱稿。3月下旬の締切を華麗にスルーしてしまい、編者からの「そろそろかな?」とかイギリス流?の婉曲的な〝加圧メール〟連打に押されるように、締切半年後にやっと脱稿。たいへん申しわけなかった(ほんとうの締切はいつだったんだろう)。私の場合、論文や著書は単著で書くことがほとんどなので、自分が書かなければ進捗なくそのまま立ち往生してしまう。もちろん、日本語

に比べれば、英語でまとまった内容を書くときハードルが何段か高くなるのはしかたがないだろう。ただ、日本語の原稿をあらかじめ用意してから英語に〝翻訳〟するというのは私の流儀ではない。

【2014年11月下旬】図版完成。作図はいつもどおりAdobe InDesign®で行ない、出力したepsファイルを編集部に送った。画像はスキャナーで取り込む。いいかげんに電子化された文献では図版の解像度がぜんぜん足りないことがよくあるので、できれば原本（もちろん〝紙〟）からのスキャンが最善だ。元の〝紙〟の文献をもっている者が最後には勝つ。

【2015年2月上旬】編者からのコメントと匿名レフリーからの査読コメントが返ってきた。学術出版で名を馳せるケンブリッジ大学出版局ともなると、書籍論文でも学術誌論文なみに査読されることを知った。幸いなことに要部分改訂でアクセプトされた。図版については編集サイドの高精度スキャンの要求レベルが高いのなんの。何度も再スキャンすることになった。

【2015年5月上旬】改訂原稿の提出。

【2015年8月中旬】ケンブリッジ大学出版局校閲部からの返信あり。すべての図版について転載許諾を漏れなく取得せよとの指令。原稿についても重箱の隅までチェックされた。各国の出版社や学協会に

転載依頼許可申請を出しまくる。たいていの場合、出版社ごとに著作権手続きの許可申請書式が用意されていることが多いので意外に楽だった。

【2016年4月上旬】 校正ゲラが届いた。ケンブリッジ大学出版局独自の英文校正様式（校正記号も含めて）にまごつく。

【2016年4月下旬】 校正ゲラのチェックを完了し、すべての作業が終わった。

【2016年6月下旬】 論文集が出版された。Willi Hennig の生誕百年（2013年）からはちょいと遅れてしまったが、没後40年（2016年）には間に合ったようだ。

この論文集は日本円にして15000円超のけっこう高い値段で売られることになったのだが、寄稿者への〝印税〟の話とかいっさいなかった。もちろん、現在にいたるまで何も支払われていない。日本国内だったら、単著の場合は印税10％がふつうだけど、海外の学術専門書の場合、そういうお金がらみのことがいったいどうなっているのか皆目わけがわからないままだ。

3. 〝本の系統樹〟――〝旧三部作〟から〝新三部作〟を経てさらに伸びる枝葉

本を書くキャリアがまだ浅かった前世紀末は、単著（三中 1997）が出たり翻訳書（ソーバー 1996）が出版されたりするたびに一仕事終わった解放感に浸っていた。しかし、あるひとりの著者が出す複数の本の間には多かれ少なかれ内容上の関連性が生まれるだろう。著者の興味のありようはもちろんだが、その著者に出版企画をもちこむ版元側の意向があれば、ある定まった方向の本が連続して出されても不思議ではない。前世紀の私は、本と本の相互関係を考えるほど多くの単著をまだ出してはいなかった。

しかし、時代が新ミレニアムとなり、自著の数がしだいに増えてくると、意識的に本どうしの関連づけをしてみようかと思い始めた。私が勝手に〝旧三部作〟と呼んでいる『系統樹思考の世界』と『分類思考の世界』、そして『進化思考の世界』（三中 2006a, 2009, 2010）の3冊の〝思考本〟はその内容に関して緊密な類縁関係がある。『系統樹思考の世界』と『分類思考の世界』は系統と分類という私がずっと考えてきた概念的関係を論じた姉妹本だが、この2冊をまとめたのが『進化思考の世界』だった。その本のあとがきで私はこう書いている。

「『生物系統学』以降の私の「思考本」たちは、本書を含めて、いずれもこの問題意識［普遍的な体系学の存在］を共有しつつ書かれてきた姉妹本である。この意味で、私はなお未完成の単一仮想本を今も連綿と書き続けているのかもしれない。装幀と造本の上では確かに個別分割された別個の書物であることは否定しようもない。もちろん、本書だけ単独で読んでもらえるようにはなっている。しかし、内容のつながりからいえば、私はこの一〇年あまりをかけて一冊の仮想本を書き続け、なおそれは完結しそうにないという夢想すらしてしまうことがある」（三中 2010, p. 250）

物理的実体としての本はそれぞれ別々に存在してはいても、内容と思想の上では、それらの本は連続してつながっているという観念はそれ以降の私の基本理念となっている。自分が書いた本たちは〝本の系統樹〟という一本の木を伸ばしつつある。この〝本の系統樹〟は、その後も「さらなる分岐進化と前進進化を繰り返しながら、その枝葉を今なお伸ばし続けて」（三中 2018c, p. iii）、現在にいたっている。

２０１７年４月に出した『思考の体系学』（三中 2017c）を皮切りに、２０１８年４月刊行の『系統体系学の世界』（三中 2018c）、そして翌５月刊行の『統計思考の世界』（三中 2018d）の３冊の単著は、別々の版元から出されてはいるが、その成立と内容から見てひとつの〝単系統群〟を構成する〝姉妹本〟である。私はこの３冊を〝新三部作〟と名づけている。この〝新三部作〟の姉妹本たちの相互関係を記しておこう。

・『統計思考の世界』は統計技法の本ではない。統計データ解析の出発点であるデータ可視化の理念はグラフィクス（ダイアグラム）という共通言語を介して『思考の体系学』と共有されている。一般論としての統計思考が生物体系学という個別分野でどのような役割を果たしてきたかは『系統体系学の世界』でくわしく論じた。

・『思考の体系学』は分類と系統という観点から知識の体系化と可視化を支えてきたダイアグラムの理論構造の骨格とその肉づけについて考察した。本書で取り上げられた生物体系学の歴史的実例が埋めこまれた文脈は『系統体系学の世界』に示したとおりである。また、ダイアグラム論と統計グラフィクスとのつながりについては『統計思考の世界』で十全に論じた。

・『系統体系学の世界』は生物体系学の科学史と科学哲学を論じた本である。体系化のための数理的背景については『思考の体系学』がテクニカルな参考資料と位置づけられる。同様に、分類構築と系統推定の統計的背景という点では『統計思考の世界』がもうひとつのテクニカルな参考資料となる。

つまり、3冊の姉妹本のどの2冊も残る1冊にとっての一般論あるいは各論を解説した〝参考資料〟という役割を与えられている。したがって、この3冊は明示的な引用あるいは非明示的な参照で緊密に結びついていることがわかる。

私の〝本の系統樹〟にはさらなる新芽や若葉や小枝が伸びている。本書『読む・打つ・書く』もまた新たに芽生えた実生のひとつだ。それらがこれからいったいどのように育っていくのかは、私自身にもぜんぜん予想できない。

本噺納め口上——「山のあなたの空遠く『幸』住むと人のいふ」[1]

数年前のことだが、南米アルゼンチンの首都ブエノスアイレスで開催された学会に参加するため一週間ほど出張したことがある（三中 2016）。この巨大な〝南米のパリ〟は日本から見れば地球のちょうど反対側に位置する。観光で来たのであれば方々を見て回ることができたにちがいないが、あいにく昼間は学会会場であるアルゼンチン自然史博物館（Museo Argentino de Ciencias Naturales "Bernardino Rivadavia"）に〝幽閉〟されてしまうので、自由時間はほとんどなかった（研究者とはつくづく因果な稼業である）。

さいわい、学会最終日は連日の拘束から解放され、やっと自由な身柄になれたのを幸い、ブエノスアイレス中心部（セントロ）にある世界的に有名な書店〈エル・アテネオ・グランド・スプレンディッド（El Ateneo Grand Splendid）〉にタクシーで乗りつけた。「世界で最も美しい書店」のリストでは必ず上位にランクされるこの巨大な書店は一世紀前に建てられた劇場をそのまま書店に転用したことで知られている。嘘偽りのないその絢爛豪華さはわざわざ見にくるだけの価値はある。そして、圧倒されるほどの巨大な空間を埋め尽くすスペイン語の本また本。いずれも新刊ばかりだが、人のいるところ、本の山ありという真理は地球の裏側でも成り立っていた。

潮田登久子の写真集『ビブリオテカ――本の景色』（潮田 2017）をひもとくと、長い時間の経過と忌まわしい虫どものせいで崩れゆく本の写真が大写しになっている。昆虫学者・故岡田豊日の旧書斎も被写体となっていて、主なきあとの双翅類のモノグラフが本としての生涯を終えていくようすが撮られていた。紙の本の山は読み手がいなくなればいずれはこうして朽ちていくにちがいない。もう一冊のクラフト・エヴィング商會『らくだこぶ書房21世紀古書目録』（クラフト・エヴィング商會 2000）は架空の本のリストだ。「ない」はずの本がまるでそこに「ある」ように見えるのは〝匠の技〟なのだが、本が最後にはさらさらと砂とともに消えてしまう象徴的な結末はぞっとするほどリアルな描写だ。

小学生の頃だったか、父方の本家筋の親戚の家に行く機会があった。当時はまだ（本性を発揮する前の）おとなしい昆虫少年だった私に、その親戚の叔父は保育社の『標準原色図鑑全集2・昆虫』（中根猛彦・青木淳一・石川良輔 1966）を帰りがけにもたせてくれた。かつての日本では、子どもが自然に関心をもつ大きなきっかけが〝図鑑〟との出会いだったという声をよく聞く。私もまたその例外ではなく、美麗な原色カラー図鑑の昆虫写真を食い入るように見入っていたことを今でも思い出す。たとえ擦り切れてぼろぼろになったとしても脳裏に刻まれたその本の記憶はけっして薄れることはない。

私が今いるつくばの居室のなかは、すでにどうしようもないほどの〝本の山〟が連山のようにそびえ立っている。少なくとも私の専門分野に関してはほぼすべての図書が居室にそろっている。国内の公的機関にはどこにも所蔵されていない本であってもここにはある。私的なライブラリーではあるが、どんな公的機関よりも頼りになるのはほんとうに心強い。本を読み、書評を打ち、著作を書くかけがえのない場所、すなわち〝サード・プレイス〟がここにある。もちろん〝居心地の良さ《Gemütlichkeit》〟は格別だ。

しかし、もうずいぶん前から、この部屋にある本の山を全部読み尽くすのは絶対に不可能であることはわかっていた。しかし、本はもともと読まれるためだけに存在しているわけではないだろう。むしろ、「そこにある」ことこそ重要なのではないか。本は「読む」ことではなく、「ある」ことに意義がある。だから、私の居室の本の山はずっとそこにあって、いつかページを開かれる日を静かに待ち続けている。一方の私はいつも心安らかでいられる。もしある本が必要になる日がくれば、職場の図書館や国内外を駆けずり回って探索したり検索する必要はない。なぜなら、その本は「そこにある」から。

2011年の東日本大震災で書棚が崩壊してしまったため、何冊かの蔵書はもはや私の手の届かない

〝奈落の底〟に落ちたままだ。何年もかけて買い溜めた古書のなかには、すでに紙の変質や造本の崩壊で〝自然に還りつつある〟本もなきにしもあらずだ。「電子本だったらそんな心配はなかっただろうに」という陰の声が聞こえてくる。「いや、ちがう。そういう問題ではないんだ」と反論のつぶやきをそっと返すしかない。この論争は世界観（書物観）の対立だと私はとらえているので、たとえ議論してもしょせんは埒が明かないだろう。

本書は、ひとりの研究者がどのように本を読み、書評を打ち、著書を書いてきたかの、一般論ではなく、できるだけ具体的な自分自身の経験に基づく考察である。私が知るかぎり、いわゆる〝理系〟の研究分野で、読書論・書評論・執筆論をまとめて論じた本は他に心当たりがない。けれども、いかんせん〝自分語り〟だけでは〝サンプルサイズ〟が小さすぎるので（統計学的には「$n=1$」だから）、本書に書いてきたことがどれくらい一般性をもつ主張なのかどうかという問題が浮上するだろう。その点については今の私には判断のしようがない。しかし、一貫して利己主義を標榜してきた手前、自分の主張の一般性とか汎用性とかはくよくよ考えなくてもとくに問題はないにちがいない。

読者のみなさんには、この長い〝演奏〟を最初から最後まで聴き通していただき、まずはお礼を申し上げたい。私自身、このような一冊の本として自分の「本の人生」を書き下ろすことになろうとは予想していなかった。しかし、結果から言えば、こういう機会でもなければ、いつまで経っても自分を見つめ直すことはなかったにちがいない。望むらくは、私のいささか自分勝手な主張の数々に対する支持あるいは批判のスタンスとは別に、みなさんひとりひとりが自分の「本の人生」すなわち読書・書評・執筆のスタイルについていてこれまでどうだったか、そしてこれからどうしていけばいいのかについて少しでも考えていただければ、私の密かな〝野望〟の大部分は達成されたのではないかと思う。

「読む・打つ・書く」の実践について、私はことこまかに手順を書いたところがある。しかし、みなさんに無理難題を押しつけるつもりはさらさらない。たとえば本を書こうとするならば、唯一たいせつな点は「飽くことなく毎日続けること」だ。たとえ一日一枚（400字）しか書く時間がなかったとしても、一年間続ければ365枚で新書一冊の分量に、さらにもう一年続ければ700枚を超えるので本書と同じくらいの厚さの単行本になるだろう。読者のみなさんにはこの単純きわまりない〈整数倍の威力〉によりびっくりするほどするすると本が書けてしまうことをぜひ体験してほしい。

出版社や編集者はいろいろな本をつくり売り出そうと日々努力を重ねている。しかし、肝心の〝本を書く人〟がいなければ無い袖を振らねばならなくなる。とりわけ本書でも強調したように、いわゆる〝理系〟の分野では、原著論文は書いても単著の本に取り組もうという動機づけがなかなか湧いてこないのが、昨今の日本における研究環境の残念な実情だ。にもかかわらず、ちょっとした努力の積み重ねで実現できる手立てがあることを私は自分自身を〝実験台〟にして試行錯誤した。窮すれば通ず。必ずどこかに道は拓けるものだ。

「たくさん書きさえすればいいのか？」という疑問を抱く読者はきっといるだろう。おそらくその読者は書いた文章のできばえを気にしているのだろう。よくあるこの疑問に対して、私は「そのとおり。たくさん書きさえすればいいんです」というささか挑発的な返答をあらかじめ用意している。当たり前のことだが、そもそも書いた文章がなければ加筆修正したりポリッシュアップできないだろう。できばえなんかあとでいくらでも手を入れられる。まずはとにかく四の五の言わずに書きまくれ。

身も蓋もないことだが、「本の人生」と言ったところでやたらと大仰に構えることはない。しょせん進化的タイムスケールでは「ほんの一瞬」に過ぎない「ほんの人生」である。数多くの人生を生きてきた私にとって、そのうちのひとつが「本の人生」に過ぎない。その「ほん［本］の人生」が少しでも〝居心地が良く〟なればこれ以上望むものはないだろう。私の場合は昔から「ひとり」でいることが快適だったので、世間的には〝変人〟と見られたかもしれないが、現在も変わらずひとりで居続けている。私にとっての「本［ほん］の人生」はいつもひとりだ。

かつて子どもの頃に中書島のほこりっぽい古本の山に登っていたときも、成長してからは大学の図書館の書庫に潜りこみ、新刊書店や古書店の棚の間を徘徊するようになってからも、私はそこにある本や雑誌を読み尽くそうなどという目論見はまったくなかった。むしろ、おびただしい数の本に囲まれながら自分ひとりのための安住できる快適な「キャレル（閲覧席）」を探すのが愉しみだった。本の山の向こうには幸せがあるのだろうか。そして、それはあったのだろうか。それとも、これから見つかるのだろうか。

では、そろそろお後がよろしいようで。

1）出典：カール・ブッセ「山のあなた」。所収　上田敏（訳）1952。海潮音。青空文庫。

謝辞

心置きなくくつろげる〝遊び場〟としての本の世界を私はずっとひとりで満喫してきた。どうしようもなく〝天動説〟な生き方であることは自分でもよく承知している。しかし、公私にわたり恩義のあるみなさんにはすなおに「ありがとう」と言いたい。学部時代は小田急線路際の経堂ビル内に当時あった昆虫図書専門・東京通販サービスに何度も足を運び、社長の前波鉄也さんから分類学や系統学の新刊と古書の情報をうかがった。まだインターネットのなかった大学院時代には、通信販売で洋書を買うのにたいへん重宝した青木洋書の青木稔さん、イギリスに注文書を何度も郵送したウェルドン・アンド・ウェズレイ書店、就職してからは公費のみならず私費でも本をたびたび買っていたアカデミア洋書の中井疑さん——、お世話になったこれらの書店はいずれも今はもうなくなってしまった。私にとっての心地よい〝サード・プレイス〟はこれらを含めて数多くの古書店や新刊書店があればこそ成立したと考えると足を向けては寝られない。ありがとうございました。

本書の具体的構想のひとつのきっかけは、２０１８年2月に朝日新聞社が主催する〈築地本マルシェ〉

で開催された鼎談〈学術書を読む――「専門」を超えた知を育む〉だった。学術書をめぐる昨今のきびしい出版状況のなかで、今後進むべき道をどのように切り拓いていくのかという論点について考える機会となった。本書はその問いかけに対する私なりの答えであるともいえるだろう。企画者・主催者である大学出版部協会ならびに当日の司会を務められた京都大学学術出版会の鈴木哲夫さんにこの場を借りて謝意を表したい。

私がこれまで単著で出してきた本はいずれも出版社からのオファーを受けて書いたものだ。近年は幸いなことに何冊かの本の企画が同時並行でオファーされるようになった。もちろん、書き手は私ひとりなので（人格は多重でも、人としては一人）、どうしても執筆進行が前後してしまう。出版企画が提示されたのは先なのに、実際の作業進行は後回しになることもときにある。今回は後から入った東京大学出版会の本書企画が予想よりも早く進んだせいで、すでに目次案づくりまで終わっていた筑摩書房とみすず書房の2冊の単著執筆が〝塩漬け〟のままになってしまった。それぞれの本の担当編集者には〝謝意〟ではなく〝謝罪〟しないといけない。この本が出たらすぐ執筆再開するので、ひらにひらにお許しを。

最後に、東京大学出版会編集部の光明義文さんには、私にとって記念すべき最初の単著『生物系統学』を書いた四半世紀前に続いて、今回もまた本書の担当編集者として企画段階からたいへんお世話になった。前著は脱稿するまで何年もかかってしまったが、今回は原稿をたった3ヶ月で耳をそろえて光明さんにわたすことができた。少しは成長できたのかもしれない。長年にわたってともに仕事をさせていただいたことに深くお礼を申し上げる。

2021年2月　またしても馬齢を重ねる日を前にして　三中信宏

Edward O. Wiley 1981. *Phylogenetics: The Theory and Practice of Phylogenetic Systematics*. John Wiley & Sons, New York.（E・O・ワイリー［宮正樹・西田周平・沖山宗雄訳］1991. 系統分類学 —— 分岐分類の理論と実際. 文一総合出版）

David M. Williams, Michael Schmitt, and Quentin D. Wheeler（eds.）2016. *The Future of Phylogenetic Systematics: The Legacy of Willi Hennig*. Cambridge University Press, Cambridge.

山本貴光 2020. マルジナリアでつかまえて —— 書かずば読めぬの巻. 本の雑誌社.

山下清美・川浦康至・川上善郎・三浦麻子 2005. ウェブログの心理学. NTT 出版.

Carol Kaesuk Yoon 2009. *Naming Nature: The Clash between Instinct and Science*. W. W. Norton, New York.（キャロル・キサク・ヨーン［三中信宏・野中香方子訳］2013. 自然を名づける —— なぜ生物分類では直感と科学が衝突するのか. NTT 出版）

O・ラヴジョイ［内藤健二訳］2013. 存在の大いなる連鎖. 筑摩書房［ちくま学芸文庫］, pp. 633–643.

谷沢永一 2005. 紙つぶて――自作自注最終版. 文藝春秋.

D'Arcy W. Thompson 1917. *On Growth and Form*. Cambridge University Press, Cambridge. Internet Archive: https://archive.org/details/ongrowthform1917thom. Accessed on 10 September 2010.

Isaac Todhunter 1865. *A History of the Mathematical Theory of Probability: From the Time of Pascal to That of Laplace*. Macmillan and Company, London. （アイザック・トドハンター［安藤洋美訳］1975. 確率論史――パスカルからラプラスの時代までの数学史の一断面. 現代数学社）

豊崎由美 2011. ニッポンの書評. 光文社［光文社新書 515］.

築地本マルシェ 2018. http://www.asahi.com/ad/honmaru/. Accessed on 29 August 2020.

上田敏（訳）1952. 山のあなた［カール・ブッセ作］. 所収：海潮音. 青空文庫. https://www.aozora.gr.jp/cards/000235/files/2259_34474.html. Accessed on 10 September 2020.

上村忠男 1986. 訳者解説――ギンズブルグの意図と方法について. 所収：カルロ・ギンズブルグ［上村忠男訳］1986. 夜の合戦――16–17 世紀の魔術と農耕信仰. みすず書房, pp. 347–369.

The University of Chicago 2003. The Chicago Manual of Style: The Essential Guide for Writers, Editors, and Publishers. The University of Chicago Press, Chicago.

潮田登久子 2017. ビブリオテカ――本の景色. 幻戯書房.

和田敦彦 2007. 書物の日米関係――リテラシー史に向けて. 新曜社.

和田敦彦 2011. 越境する書物――変容する読書環境のなかで. 新曜社.

和田敦彦 2014. 読書の歴史を問う――書物と読者の近代. 笠間書院.

和田敦彦 2020. 読書の歴史を問う――書物と読者の近代【増補改訂版】. 文学通信.

Ammon Shea 2008. *Reading the OED: One Man, One Year, 21,730 Pages*. Penguin, New York.（アモン・シェイ［田村幸誠訳］2010．そして，僕はOEDを読んだ．三省堂）

shorebird：進化心理学中心の書評など．https://shorebird.hatenablog.com/.

Theodore Sider 2001. *Four-Dimensionalism: An Ontology of Persistence and Time*. Oxford University Press, Oxford and New York.（セオドア・サイダー［中山康雄監訳｜小山虎・齋藤暢人・鈴木生郎訳］2007．四次元主義の哲学 ―― 持続と時間の存在論．春秋社）

Paul J. Silvia 2007. *How to Write a Lot: A Practical Guide to Productive Academic Writing*. American Psychological Association, Washington, DC.（ポール・J・シルヴィア［高橋さきの訳］2015．できる研究者の論文生産術 ―― どうすれば「たくさん」書けるのか．講談社サイエンティフィク）

Paul J. Silvia 2014. *Write It Up: Practical Strategies for Writing and Publishing Journal Articles*. American Psychological Association, Washington, DC.（ポール・J・シルヴィア［高橋さきの訳］2016．できる研究者の論文作成メソッド ―― 書き上げるための実践ポイント．講談社サイエンティフィク）

Peter H. A. Sneath 1982. [Book Review] Gareth Nelson and Norman Platnick 1981. *Systematics and Biogeography: Cladistics and Vicariance*. Columbia University Press, New York. *Systematic Zoology*, 31 (2): 208–217.

Elliott Sober 1988. *Reconstructing the Past: Parsimony, Evolution, and Inference*. The MIT Press, Cambridge.（エリオット・ソーバー［三中信宏訳］1996．過去を復元する ―― 最節約原理・進化論・推論．蒼樹書房．※2010年4月に勁草書房から復刊）

Alan Sokal and Jean Bricmont 1998. *Fashionable Nonsense: Postmodern Intellectuals' Abuse of Science*. Picador, New York.（アラン・ソーカル，ジャン・ブリクモン［田崎晴明・大野克嗣・堀茂樹訳］2000．「知」の欺瞞 ―― ポストモダン思想における科学の濫用．岩波書店）

鈴木哲也 2020．学術書を読む．京都大学学術出版会．

鈴木哲也・高瀬桃子 2015．学術書を書く．京都大学学術出版会．

橘宗吾 2016．学術書の編集者．慶應義塾大学出版会．

高山宏 2013．文庫版解説 ―― この「鎖」，きみは「きずな」と読む．アーサー・

岡崎武志 2013．蔵書の苦しみ．光文社［光文社新書 652］．

隠岐さや香 2018．文系と理系はなぜ分かれたのか．星海社［星海社新書 137］．

Ray Oldenburg 1989. *The Great Good Place : Cafés, Coffee Shops, Bookstores, Bars, Hair Salons and Other Hangouts at the Heart of a Community.* Da Capo Press, Massachusetts.（レイ・オルデンバーグ［忠平美幸訳］2013．サードプレイス——コミュニティの核になる「とびきり居心地よい場所」．みすず書房）

Richard Owen 1866. On the Anatomy of Vertebrates, Three Volumes. Longmans, Green and Co., London.

大屋幸世 2001a．蒐書日誌 一．皓星社．

大屋幸世 2001b．蒐書日誌 二．皓星社．

大屋幸世 2002．蒐書日誌 三．皓星社．

大屋幸世 2003．蒐書日誌 四．皓星社．

Karl R. Popper 1950. *The Open Society and its Enemies, Volume 1: Plato.* Princeton University Press, Princeton.（カール・R・ポパー［内田詔夫・小河原誠訳］1980．開かれた社会とその敵　第一部——プラトンの呪文．未來社）

Calyampudi R. Rao 2004. Preface in : Mark L. Taper & Subhash Lele (eds.) 2004. *The Nature of Scientific Evidence : Statistical, Philosophical, and Empirical Considerations*. The University of Chicago Press, Chicago.

佐藤郁哉・芳賀学・山田真茂留 2011．本を生みだす力——学術出版の組織アイデンティティ．新曜社．

澤畑塁 2017．『サルは大西洋を渡った——奇跡的な航海が生んだ進化史』大海原という障壁を越えて進出する生物たち．https://honz.jp/articles/-/44486. Accessed on 16 October 2020.

Ullica Segerstråle 2000. *Defenders of the Truth : The Battle for Science in the Sociobiology Debate and Beyond.* Oxford University Press, Oxford and New York.（ウリカ・セーゲルストローレ［垂水雄二訳］2005．社会生物学論争史——誰もが真理を擁護していた（全 2 巻）．みすず書房）

深める5つの問い』. 現代ビジネス. https://gendai.ismedia.jp/articles/-/43003. Accessed on 1 September 2020.

Scott L. Montgomery 2013. *Does Science Need a Global Language?: English and the Future of Research*. The University of Chicago Press, Chicago.

David A. Morrison 2014. *The Monkey's Voyage: How Improbable Journeys Shaped the History of Life.*— By Alan de Queiroz. *Systematic Biology*, 63 (5): 847–849.

Nancy C. Mulvany 2005. Indexing Books, Second Edition. The University of Chicago Press, Chicago.

中根猛彦・青木淳一・石川良輔 1966. 標準原色図鑑全集 2 昆虫. 保育社.

中尾央・松木武彦・三中信宏 (編) 2017. 文化進化の考古学. 勁草書房.

中尾央・三中信宏 (編) 2012. 文化系統学への招待 ——文化の進化パターンを探る. 勁草書房.

那須耕介・橋本努 (編) 2020. ナッジ !? —— 自由でおせっかいなリバタリアン・パターナリズム. 勁草書房.

Gareth Nelson and Norman I. Platnick 1981. *Systematics and Biogeography: Cladistics and Vicariance*. Columbia University Press, New York.

西口克己 1956a. 廓 (くるわ). 三一書房 [三一新書 25].

西口克己 1956b. 廓 (くるわ) 第二部. 三一書房 [三一新書 42].

西口克己 1958. 廓 (くるわ) 第三部. 三一書房 [三一新書 136].

西口克己追悼集刊行委員会 (編) 1987. 西口克己 —— 廓と革命と文学と. かもがわ出版.

西村三郎 2005. 文明のなかの博物学 —— 西欧と日本 (上・下). 紀伊國屋書店.

西牟田靖 2015. 本で床は抜けるのか. 本の雑誌社.

岡西政典 2020. 新種の発見 —— 見つけ, 名づけ, 系統づける動物分類学. 中央公論新社 [中公新書 2589].

術評論社．コンパニオン・サイト：http://leeswijzer.org/files/StatisticalMandala.html.

三中信宏 2019a．学術書を読む愉しみと書く楽しみ —— 私的経験から．大学出版，117 号（2019 年 1 月号），pp. 1–8.

三中信宏 2019b. 2018 年読書アンケート．月刊みすず（みすず書房），2019 年 1・2 合併号，61 巻 1 号［no. 678］，pp. 31–33.

三中信宏 2019c．ナチュラルヒストリー書評誌として『生物科学』が果たした役割り．『生物科学』70 周年記念講演会〈生物科学の 70 年から日本の生物学を考える〉，2019 年 3 月 31 日，中央大学．生物科学，70 (4): 255.

三中信宏 2019d．本を書く科学者，書かない科学者．図書新聞 2019 年 11 月 30 日（第 3425 号）4 面.

三中信宏 2020a．鵜飼保雄さんの訃報に接し，かつての記憶をたどる. https://note.com/leeswijzer/n/nd9cd50e3d1c6.

三中信宏 2020b．鵜飼保雄さんの訃報に接し，かつての記憶をたどる．計量生物学，40 (2): 65–66.

三中信宏 2020c．［書評］岡西政典『新種の発見 —— 見つけ，名づけ，系統づける動物分類学』，講談社．読売新聞 2020 年 8 月 2 日掲載. https://www.yomiuri.co.jp/culture/book/review/20200801-OYT8T50140/. Accessed on 11 August 2010.

三中信宏 2020d．読売新聞読書委員の任期を終えて. https://note.com/leeswijzer/n/n8e50537dcaba.

三中信宏・杉山久仁彦 2012．系統樹曼荼羅 —— チェイン・ツリー・ネットワーク. NTT 出版.

三中信宏・鈴木邦雄 2002．生物体系学におけるポパー哲学の比較受容．所収：ポパー哲学研究会（編）批判的合理主義第 2 巻　応用的諸問題．未來社，pp. 71–124.

宮野公樹 2015a．研究を深める 5 つの問い ——「科学」の転換期における研究者思考．講談社.

宮野公樹 2015b．たこつぼ化する専門の世界.「問う」だけでなく「届ける」研究者になるには？「これからの学者」目指す若者の道しるべとなる本『研究を三中信宏 2016f. 推薦の言葉　日本語版刊行にあたって―― せっかく書くなら，こう書こうよ！　アナタもきっと幸せになれる本．ポール・J・シルヴィア［高橋さきの訳］2016．できる研究者の論文作成メソッド―― 書き上げるための実践ポイント．講談社サイエンティフィク，pp. iv–v.

三中信宏 2016g. Hennig XXXV: Diario de a bordo en Buenos Aires, Argentina (2016). http://leeswijzer.org/files/HennigXXXV2016.html.

Nobuhiro Minaka 2016. Chain, Tree, and Network: The Development of Phylogenetic Systematics in the Context of Genealogical Visualization and Information Graphics. pp. 410–430 in: David M. Williams, Michael Schmitt, and Quentin D. Wheeler (eds.), *The Future of Phylogenetic Systematics – The Legacy of Willi Hennig*. Cambridge University Press, Cambridge.

三中信宏 2017a. 研究者人生のロシアン・ルーレット（続）. https://note.com/leeswijzer/n/na4a1db964e28.

三中信宏 2017b. 蔵書はすべて売り払え. https://note.com/leeswijzer/n/n8bf4f5eb84d0.

三中信宏 2017c. 思考の体系学―― 分類と系統から見たダイアグラム論．春秋社．コンパニオン・サイト：http://leeswijzer.org/files/SystematicThinking.html.

三中信宏 2017d. 隠れて生きよ. https://note.com/leeswijzer/n/n66b4848e6d9f.

三中信宏 2017e.［書評］倉谷滋『分節幻想―― 動物のボディプランの起源をめぐる科学思想史』，工作舎．日経サイエンス，2017 年 4 月号，p. 111.

三中信宏 2018a.［書評］ジェームズ・フランクリン［南條郁子訳］『「蓋然性」の探求―― 古代の推論術から確率論の誕生まで』，みすず書房. https://leeswijzer.hatenadiary.com/entry/20180810/1533869298.

三中信宏 2018b.［書評］隠岐さや香『文系と理系はなぜ分かれたのか』，星海社. https://leeswijzer.hatenadiary.com/entry/2018/09/13/082225.

三中信宏 2018c. 系統体系学の世界―― 生物学の哲学とたどった道のり．勁草書房．コンパニオン・サイト：http://leeswijzer.org/files/SystematicPhilosophy.html.

三中信宏 2018d. 統計思考の世界―― 曼荼羅で読み解くデータ解析の基礎．技

の楽しみ〉. 科学（岩波書店）, 2014年6月号, pp. 672–673.

三中信宏 2014c. https://twitter.com/leeswijzer/status/549758623942184960.

三中信宏 2015a. 研究者人生のロシアン・ルーレット. https://note.com/leeswijzer/n/ne9299cbe8578.

三中信宏 2015b. 科学の「リンガ・フランカ」がもたらす光と影（1/3）. https://leeswijzer.hatenadiary.com/entry/20150527/1432774631.

三中信宏 2015c 科学の「リンガ・フランカ」がもたらす光と影（2/3）. https://leeswijzer.hatenadiary.com/entry/20150528/1432774687.

三中信宏 2015d. 科学の「リンガ・フランカ」がもたらす光と影（3/3）. https://leeswijzer.hatenadiary.com/entry/20150529/1432774742.

三中信宏 2015e. 雑誌と論文にまつわるお金の問題. https://leeswijzer.hatenadiary.com/entry/20151122/1448264717.

三中信宏 2015f. https://twitter.com/leeswijzer/status/557014186015072257.

三中信宏 2015g. 推薦の言葉　日本語版刊行にあたって―― 千字の文も一字から：これなら書ける！　究極の指南書登場. ポール・J・シルヴィア［高橋さきの訳］2015. できる研究者の論文生産術 ――どうすれば「たくさん」書けるのか. 講談社サイエンティフィク, pp. vii–viii.

三中信宏 2016a. 忘れたいからメモを取る. https://leeswijzer.hatenadiary.com/entry/20160103/1451872436.

三中信宏 2016b. 体系的メモ書き法. https://note.com/leeswijzer/n/nc888938ef12d.

三中信宏 2016c.「路上観察学」的アンテナを張りめぐらす. 所収：岩波書店編集部（編）科学者の目, 科学の芽. 岩波書店, pp. 108–111.

三中信宏 2016d.「生き延びるすべ」について. https://note.com/leeswijzer/n/nc4cb6df203b4.

三中信宏 2016e［書評］Alan de Queiroz『The Monkey's Voyage: How Improbable Journeys Shaped the History of Life』, Basic Books, New York. https://leeswijzer.hatenadiary.com/entry/20160126/1453854925.

談社［現代新書 2014］. http://leeswijzer.org/files/SpeciesRIP.html.

三中信宏 2009–2018. 分類思考の世界（残響録）. https://leeswijzer.hatenadiary.com/search?q=%E3%80%8F%E6%AE%8B%E9%9F%BF.

三中信宏 2010. 進化思考の世界――ヒトは森羅万象をどう体系化するか. 日本放送出版協会［NHK Books 1164］. http://leeswijzer.org/files/EvolutionaryThinking.html.

三中信宏 2011a.「本で学ぶ」ことを学ぶ. 所収：「科学」編集部（編）2011. 科学者の本棚――『鉄腕アトム』から『ユークリッド原論』まで. 岩波書店, pp. 29–32.

三中信宏 2011b.［書評］豊崎由美『ニッポンの書評』, 光文社. https://leeswijzer.hatenadiary.com/entry/20110505/1304424243.

三中信宏 2011c. 研究上のライブラリーはいかにして生き延びられるか？ https://leeswijzer.hatenadiary.com/entry/20110619/1308428915.

三中信宏 2012a. 研究者コミュニティの「限界集落」化について. https://leeswijzer.hatenadiary.com/entry/20121118/1353250455.

三中信宏 2012b. 研究者コミュニティの「限界集落」化について（続）. https://leeswijzer.hatenadiary.com/entry/20121119/1353371981.

三中信宏 2012–2013. 農環研ウェブ高座「農業環境のための統計学」（全12回）. 農業と環境（農業環境技術研究所ウェブマガジン）, no. 148–151, 153–160. http://www.naro.affrc.go.jp/archive/niaes/mzindx/magazine.html.

三中信宏 2013a. 雑誌が買えなくなりました（orz）. https://leeswijzer.hatenadiary.com/entry/20130729/1375148943.

三中信宏 2013b. 雑誌が買えなくなりました（orz）―― 後日譚. https://leeswijzer.hatenadiary.com/entry/20131007/1381090815.

三中信宏 2013c. 外国語に無知であることへの許し. https://leeswijzer.hatenadiary.com/entry/20130317/1363218209.

三中信宏 2014a. 蒐書は流転する. https://leeswijzer.hatenadiary.com/entry/20140618/1403443044.

三中信宏 2014b.「路上観察学」的アンテナを張りめぐらす. 特集〈科学エッセイ

三中信宏 1997．生物系統学．東京大学出版会．

三中信宏 1999．形態測定学．所収：棚部一成・森啓（編）古生物の形態と解析．朝倉書店, pp. 61–99.

三中信宏 2001．［書評］金森修『サイエンス・ウォーズ』，東京大学出版会．科学, 71 (2)：207–209.

三中信宏 2003–現在．日録．http://leeswijzer.org/diary.html.

三中信宏 2004．［書評］西村三郎『文明のなかの博物学 —— 西欧と日本（上・下）』，紀伊國屋書店．http://leeswijzer.org/files/NaturalHistoryInCulture.html.

三中信宏 2005a．〈書評〉を書く文化環境．https://leeswijzer.hatenadiary.com/entry/20050122/1106402581.

三中信宏 2005b．［書評］山下清美・川浦康至・川上善郎・三浦麻子『ウェブログの心理学』，NTT 出版．http://leeswijzer.org/files/WeblogPsychology.html.

三中信宏 2005c．［書評］ウリカ・セーゲルストローレ［垂水雄二訳］『社会生物学論争史 —— 誰もが真理を擁護していた（全 2 巻）』，みすず書房．http://leeswijzer.org/files/sociobiology.html.

三中信宏 2005–現在．leeswijzer：een nieuwe leeszaal van dagboek. https://leeswijzer.hatenadiary.com/.

三中信宏 2006a．系統樹思考の世界 —— すべてはツリーとともに．講談社［現代新書 1849］．http://leeswijzer.org/files/DAKARA.html.

三中信宏 2006b．心にのこる 1 冊 ——「生物体系学と生物地理学」．科学（岩波書店），2006 年 4 月号, pp. 438–439.

三中信宏 2006–2018．系統樹思考の世界（反響録）．https://leeswijzer.hatenadiary.com/search?q=%E3%80%8E%E7%B3%BB%E7%B5%B1%E6%A8%B9%E6%80%9D%E8%80%83%E3%81%AE%E4%B8%96%E7%95%8C%EF%BC%9A%E3%81%99%E3%81%B9%E3%81%A6%E3%81%AF%E3%83%84%E3%83%AA%E3%83%BC%E3%81%A8%E3%81%A8%E3%82%82%E3%81%AB%E3%80%8F%E5%8F%8D%E9%9F%BF%BF.

三中信宏 2009．分類思考の世界 —— なぜヒトは万物を「種」に分けるのか．講草森紳一 2005. 随筆　本が崩れる. 文藝春秋［文春新書 472］.

草森紳一回想集を作る会（編）2010. 草森紳一がいた. 友人と仕事仲間たちによる回想集. 草森紳一回想集を作る会.

京都大学学際融合教育研究推進センター 2015. 異分野融合, 実践と思想のあいだ. 京都大学学際融合教育研究推進センター.

倉谷滋 2016. 分節幻想 —— 動物のボディプランの起源をめぐる科学思想史. 工作舎.

Imre Lakatos and Paul K. Feyerabend 1999. *For and Against Method*. The University of Chicago Press, Chicago.

Manuel Lima 2014. *The Book of Trees: Visualizing Branches of Knowledge*. Princeton Architectural Press, New York.（マニュエル・リマ［三中信宏訳］2015. The Book of Trees —— 系統樹大全：知の世界を可視化するインフォグラフィクス. ビー・エヌ・エヌ新社）

Manuel Lima 2017. *The Book of Circles: Visualizing Spheres of Knowledge*. Princeton Architectural Press, New York.（マニュエル・リマ［三中信宏監訳｜手嶋由美子訳］2018. The Book of Circles —— 円環大全：知の輪郭を体系化するインフォグラフィックス. ビー・エヌ・エヌ新社）

Carl von Linné 1735. *Systema Naturae*. Lugduni Batavorum, Leiden. https://doi.org/10.5962/bhl.title.877. Accessed on 25 August 2020.

Carl von Linné 1758. *Systema Naturae, Editio Decima*. Impensis Direct. Laurentii Salvii, Holmiæ. https://archive.org/details/mobot31753000798865. Accessed on 25 August 2020.

Alberto Manguel 1996. *A History of Reading*. Viking, New York.（アルベルト・マングェル［原田範行訳］1999. 読書の歴史 —— あるいは読者の歴史. 柏書房）

Alberto Manguel 2008. *The Library at Night*. Yale University Press, New Haven.（アルベルト・マングェル［野中邦子訳］2008. 図書館 —— 愛書家の楽園. 白水社）

松田隆美 2010. ヴィジュアル・リーディング —— 西洋中世におけるテクストとパラテクスト. ありな書房.

ド［工藤晋訳］2014．ラインズ――線の文化史．左右社）

Tim Ingold 2015. *The Life of Lines*. Routledge, London.（ティム・インゴルド［筧菜奈子・島村幸忠・宇佐美達朗訳］2018．ライフ・オブ・ラインズ――線の生態人類学．フィルムアート社）

岩本亮介 2018．無制限の好奇心を持つ系統学者．http://www.biol.tsukuba.ac.jp/cbs/interview-staff/minaka.html. Accessed on 10 September 2010.

「科学」編集部（編）2011．科学者の本棚――『鉄腕アトム』から『ユークリッド原論』まで．岩波書店．

金森修 2000．サイエンス・ウォーズ．東京大学出版会．

川上桃子 2013．本か論文か？　台湾社会学者の学術コミュニケーション選択――3人の専門家へのインタビュー．https://www.ide.go.jp/Japanese/IDEsquare/Overseas/2013/ROR201312_001.html. Accessed on 1 July 2020.

川那部浩哉 1992a．はじめに．京都大学生態学研究センターニュース，No. 7［京都大学生態学研究センター業績目録第1巻］，pp. 1–2.

川那部浩哉 1992b.［スタッフ業績目録］川那部浩哉．京都大学生態学研究センターニュース，No. 7［京都大学生態学研究センター業績目録第1巻］，pp. 24–49.

川那部浩哉 1993．はじめに．京都大学生態学研究センターニュース，No. 14［京都大学生態学研究センター業績目録第2巻］，p. 1.

André Kertész 1971. *On Reading*. W. W. Norton, New York.（アンドレ・ケルテス［渡辺滋人訳］2013．読む時間．創元社）

紀田順一郎 2017．蔵書一代――なぜ蔵書は増え，そして散逸するのか．松籟社．

甲山隆司 1993．あとがき．京都大学生態学研究センターニュース，No. 14［京都大学生態学研究センター業績目録第2巻］，p. 32.

国書刊行会編集部（編）2006．書物の宇宙誌――澁澤龍彦蔵書目録 Cosmographia Libraria．国書刊行会．

今野真二 2008．『日本国語大辞典』をよむ．三省堂．

の擁護者たち —— 近代ヨーロッパにおける人文学の誕生．勁草書房）

Ian Hacking 2006. *The Emergence of Probability: A Philosophical Study of Early Ideas about Probability, Induction and Statistical Inference, Second Edition*. Cambridge University Press, Cambridge.（イアン・ハッキング［広田すみれ・森元良太訳］2013．確率の出現．慶應義塾大学出版会）

Ernst Haeckel 1866a. *Generelle Morphologie der Organismen, 2 Bände*. Georg Reimar, Berlin.

Ernst Haeckel 1866b. *Generelle Morphologie der Organismen, 2 Bände*. Georg Reimar, Berlin. Internet Archive: https://archive.org/details/generellemorpho00haecgoog. Accessed on 9 August 2020.

Ernst Haeckel 1866c. *Generelle Morphologie der Organismen, 2 Bände*. Georg Reimar, Berlin. Internet Archive: https://archive.org/details/b22651007_0002/page/n629/mode/2up. Accessed on 9 August 2020.

Ernst Haeckel 1866d. *Generelle Morphologie der Organismen, 2 Bände*. Georg Reimar, Berlin.［復刻（1988): Walter de Gruyter, Berlin］

長谷川眞理子・三中信宏・矢原徹一 1999．現代によみがえるダーウィン．文一総合出版．

Michael J. Heads 2014. A world shaped by miracles. *The Monkey's Voyage: How Improbable Journeys Shaped the History of Life.* —— By Alan de Queiroz. *Biogeografía*, 7: 52–59.

David L. Hull 1988. *Science as a Process: An Evolutionary Account of the Social and Conceptual Development of Science*. The University of Chicago Press, Chicago.

Carlo Ginzburg 1979. Spie. Radici di un paradigma indiziario. pp. 59–106 in: Aldo G. Gargani (ed.), *Crisi della ragione: Nuovi modelli nel rapporto tra sapere e attività umane*. Giulio Einaudi editore, Torino. [Reprint: Carlo Ginzburg 1986. *Miti, emblemi, spie: Morphologia e storia*. Giulio Einaudi editore, Torino.（カルロ・ギンズブルグ［竹山博英訳］1988．神話・寓意・徴候．せりか書房）］

井出彰 2012．書評紙と共に歩んだ五〇年．論創社．

Tim Ingold 2007. *Lines: A Brief History*. Routledge, London.（ティム・インゴル

藤田節子 2018. 図書の索引作成の現状 —— 編集者と著者への調査結果から. 情報の科学と技術, 68 (3): 135–140.

藤田節子 2019. 本の索引の作り方. 地人書館.

古沢和宏 2012. 痕跡本のすすめ. 太田出版.

Carlo Ginzburg 1968. *Miti, emblemi, spie: Morfologia e storia*. Giulio Einaudi editore, Torino. (カルロ・ギンズブルグ［竹山博英訳］1988. 神話・寓意・徴候. せりか書房)

Carlo Ginzburg 2000. *Rapporti di forza: Storia, retorica, prova*. Giangiacomo Feltrinelli Editore, Milano. (カルロ・ギンズブルグ［上村忠男訳］2001. 歴史・レトリック・立証, みすず書房)

Michael D. Gordin 2015. *Scientific Babel: How Science Was Done Before and After Global English*. The University of Chicago Press, Chicago.

Stephen J. Gould 1977. *Ontogeny and Phylogeny*. Harvard University Press, Cambridge. (スティーヴン・ジェイ・グールド［仁木帝都・渡辺政隆訳］1987. 個体発生と系統発生 —— 進化の観念史と発生学の最前線. 工作舎)

Stephen J. Gould 1983. *Hen's Teeth and Horse's Toes: Further Reflections in Natural History*. W. W. Norton, New York. (スティーヴン・ジェイ・グールド［渡辺政隆・三中信宏訳］1988. ニワトリの歯 —— 進化論の新地平 (上・下). 早川書房)

Stephen J. Gould 1989. *Wonderful Life: The Burgess Shale and the Nature of History*. W. W. Norton, New York. (スティーヴン・ジェイ・グールド［渡辺政隆訳］1993. ワンダフル・ライフ —— バージェス頁岩と生物進化の物語. 早川書房［2000. ハヤカワ文庫］)

Stephen J. Gould 2002. *The Structure of Evolutionary Theory*. Harvard University Press, Cambridge.

Stephen J. Gould 1987. *An Urchin in the Storm: Essays about Books and Ideas*. W. W. Norton, New York. (スティーヴン・ジェイ・グールド［渡辺政隆訳］1991. 嵐の中のハリネズミ. 早川書房)

Anthony Grafton 1991. *Defenders of the Text: The Traditions of Scholarship in an Age of Science, 1450–1800*. Harvard University Press, Cambridge. (アンソニー・グラフトン［ヒロ・ヒライ監訳・解題｜福西亮輔訳］2015. テクスト

Charles R. Darwin (Frederick Burkhardt *et al.* ed.) 1985–2021+ *The Correspondence of Charles Darwin, Volumes 1–28+* Cambridge University Press, Cambridge.

Alan de Queiroz 2014. *The Monkey's Voyage: How Improbable Journeys Shaped the History of Life*. Basic Books, New York.（アラン・デケイロス［柴田裕之・林美佐子訳］2017．サルは大西洋を渡った —— 奇跡的な航海が生んだ進化史．みすず書房）

Rob DeSalle and Ian Tattersall 2019. *A Natural History of Beer*. Yale University Press, New Haven.（ロブ・デサール，イアン・タッターソル［ニキリンコ・三中信宏訳］2020．ビールの自然誌．勁草書房）

読書猿 2013．心理学者が教える少しの努力で大作を書く／多作になるためのウサギに勝つカメの方法. URL: https://readingmonkey.blog.fc2.com/blog-entry-704.html. Accessed on 7 September 2020.

Malte C. Ebach 2014. *Tewkesbury Walks: An Exploration of Biogeography and Evolution*. — By Bernard Michaux. *Systematic Biology*, 63 (3): 453–455.

Umberto Eco 1977. *Come si fa una tesi di laurea*. Bompiani, Milano.（ウンベルト・エコ［谷口勇訳］1991．論文作法 —— 調査・研究・執筆の技術と手順．而立書房）

Niles Eldredge and Joel Cracraft 1980. *Phylogenetic Patterns and the Evolutionary Process: Method and Theory in Comparative Biology*. Columbia University Press, New York.（N・エルドリッジ，J・クレイクラフト［篠原明彦・駒井古実・吉安裕・橋本里志・金沢至訳］1989．系統発生パターンと進化プロセス —— 比較生物学の方法と理論．蒼樹書房）

James S. Farris 2011. Systemic foundering. *Cladistics*, 27 (2): 207–221.

James S. Farris and Norman I. Platnick 1989. Lord of the fries: The systematist as study animal. [Book review: David L. Hull 1988. *Science as a Process: An Evolutionary Account of the Social and Conceptual Development of Science*. The University of Chicago Press, Chicago] *Cladistics*, 5 (3): 295–310.

James Franklin 2001. *The Science of Conjecture: Evidence and Probability before Pascal*. Johns Hopkins University Press, Baltimore.（ジェームズ・フランクリン［南條郁子訳］2018．「蓋然性」の探求 —— 古代の推論術から確率論の誕生まで．みすず書房）

Andrew V. Z. Brower 2020. Dead on arrival: A postmortem assessment of "phylogenetic nomenclature", 20+years on. [Book review: Philip D. Cantino and Kevin de Queiroz 2020. *International Code of Phylogenetic Nomenclature* (*PhyloCode*). CRC Press, Boca Raton] *Cladistics*, 36 (6): 627–637.

Mayra Calvani and Anne K. Edwards 2008. *The Slippery Art of Book Reviewing*. Twilight Times Books, Kingsport, Tennesee.

Jean-Claude Carrièrre and Umberto Eco 2009. *N'espérez pas vous débarrasser des livres*. Éditions Grasset & Fasquelle, Paris. (ウンベルト・エーコ，ジャン＝クロード・カリエール［工藤妙子訳］2010. もうすぐ絶滅するという紙の書物について. CCC メディアハウス)

Rachel Carson [Edited by Linda Lear] 1998. *Lost Woods: The Discovered Writing of Rachel Carson*. Beacon Press, Boston. (レイチェル・カーソン［リンダ・リア編｜古草秀子訳］2000. 失われた森――レイチェル・カーソン遺稿集. 集英社)

Stefan Collini (ed.) 1992. *Interpretation and Overinterpretation*. Cambridge University Press, Cambridge. (ステファン・コリーニ（編）［柳谷啓子・具島靖訳］1993. エーコの読みと深読み. 岩波書店)

Harry Collins 2014. *Are We All Scientific Experts Now?* Polity Press, Cambridge. (H・コリンズ［鈴木俊洋訳］2017. 我々みんなが科学の専門家なのか? 法政大学出版局)

Harry Collins and Robert Evans 2007. *Rethinking Expertise*. The University of Chicago Press, Chicago. (H・コリンズ，R・エヴァンズ［奥田太郎監訳｜和田慈・清水右郷訳］2020. 専門知を再考する. 名古屋大学出版会)

クラフト・エヴィング商會 2000. らくだこぶ書房 21 世紀古書目録. 筑摩書房.

Mary Curruthers 1990. *The Book of Memory: A Study of Memory in Medieval Culture*. Cambridge University Press, Cambridge. (メアリー・カラザース［別宮貞徳監訳｜柴田裕之・家本清美・岩倉桂子・野口迪子・別宮幸徳訳］1997. 記憶術と書物――中世ヨーロッパの情報文化. 工作舎)

Charles R. Darwin 1859. *On the Origin of Species by Means of Natural Selection, or, The Preservation of Favoured Races in the Struggle for Life*. John Murray, London. https://doi.org/10.5962/bhl.title.68064. Accessed on 25 August 2020.

文献リスト

赤坂憲雄 2002. 書評はまったくむずかしい. 五柳出版.

赤瀬川原平 1985. 超芸術トマソン. 白夜書房.

赤瀬川原平・藤森照信・南伸坊（編）1986. 路上観察學入門. 筑摩書房.

Anonymous [Richard Owen] 1860. Darwin *on the Origin of Species*. *The Edinburgh Review*, 111, Article VIII, pp. 487–533. http://darwin-online.org.uk/content/frameset?itemID=A30&viewtype=image&pageseq=1. Accessed on 3 October 2020.

John C. Avise, J. Arnold, R. M. Ball, E. Birmingham, T. Lamb, J. E. Neigel, C. A. Reeb and N. C. Saunders 1987. Intraspecific phylogeography: The mitochondrial DNA bridge between population genetics and systematics. *Annual Review of Ecology and Systematics*, 18: 489–522.

Francis A. Bather 1927. Biological classification: Past and future. An address to the Geological Society of London at its anniversary meeting on the Eighteenth of February, 1927. Proceedings of the Geological Society of London: Session 1926–1927. *The Quarterly Journal of the Geological Society of London*, lxxxiii (part 2): lxii–civ.

Pierre Bayard 2007. *Comment parler des livres que l'on n'a pas lus*. Les Éditions de Minuit, Paris.（ピエール・バイヤール［大浦康介訳］2008. 読んでいない本について堂々と語る方法. 筑摩書房）

Fred L. Bookstein 1978. *The Measurement of Biological Shape and Shape Change*. Lecture Notes in Biomathematics: 24, Springer-Verlag, Berlin.

Fred L. Bookstein 1991. *Morphometric Tools for Landmark Data: Geometry and Biology*. Cambridge University Press, Cambridge.

Fred L. Bookstein 2014. *Measuring and Reasoning: Numerical Inference in the Sciences*. Cambridge University Press, Cambridge.

Fred L. Bookstein 2018. *A Course in Morphometrics for Biologists: Geometry and Statistics for Studies of Organismal Form*. Cambridge University Press, Cambridge.

〔た行〕

〔な行〕

〔は行〕

〔ま行〕

【書名索引】

〔あ行〕

〔か行〕

〔さ行〕

〔た行〕

【人名索引】

〔ま行〕

〔や行〕

〔な行〕

〔は行〕

【事項索引】

[著者紹介]

三中信宏（みなか・のぶひろ）

1958年，京都市生まれ．国立研究開発法人農業・食品産業技術総合研究機構農業環境研究部門専門員，東京農業大学客員教授．東京大学農学部卒業，同大学院農学系研究科博士課程修了（農学博士）．専門分野は進化生物学・生物統計学．事物の多様性のパターンとプロセスを図的に理解する思考のあり方に関心をもっている．著書に『生物系統学』（東京大学出版会），『系統樹思考の世界――すべてはツリーとともに』『分類思考の世界――なぜヒトは万物を「種」に分けるのか』（ともに講談社），『進化思考の世界――ヒトは森羅万象をどう体系化するか』（日本放送出版協会），『系統樹曼荼羅――チェイン・ツリー・ネットワーク』（NTT出版），『みなか先生といっしょに 統計学の王国を歩いてみよう――情報の海と推論の山を越える翼をアナタに！』（羊土社），『思考の体系学――分類と系統から見たダイアグラム論』（春秋社），『系統体系学の世界――生物学の哲学とたどった道のり』（勁草書房），『統計思考の世界――曼荼羅で読み解くデータ解析の基礎』（技術評論社），訳書にスティーヴン・ジェイ・グールド［渡辺政隆・三中信宏訳］『ニワトリの歯――進化論の新地平（上・下）』（早川書房），エリオット・ソーバー［三中信宏訳］『過去を復元する――最節約原理，進化論，推論』（勁草書房），キャロル・キサク・ヨーン［三中信宏・野中香方子訳］『自然を名づける――なぜ生物分類では直感と科学が衝突するのか』（NTT出版），マニュエル・リマ［三中信宏訳］『The Book of Trees — 系統樹大全：知の世界を可視化するインフォグラフィックス』（ビー・エヌ・エヌ新社），ロブ・デサール，イアン・タッターソル［ニキリンコ・三中信宏訳］『ビールの自然誌』（勁草書房）など．ホームページは http://leeswijzer.org/

読む・打つ・書く
読書・書評・執筆をめぐる理系研究者の日々

2021 年 6 月 15 日　初　版

［検印廃止］

著　者　三中信宏
発行所　一般財団法人　東京大学出版会
代表者　吉見俊哉
153-0041 東京都目黒区駒場 4-5-29
http://www.utp.or.jp/
電話 03-6407-1069　Fax 03-6407-1991
振替 00160-6-59964
装幀・本文デザイン　株式会社デザインフォリオ
印刷所　株式会社精興社
製本所　誠製本株式会社

ISBN 978-4-13-063376-5　Printed in Japan